DESIGN WISDOM

IN

SMALL SPACE II

小空间设计系列Ⅱ

SWEET SHOP
甜品店

（美）乔·金特里/编 李婵/译

辽宁科学技术出版社
·沈阳·

CONTENTS 目录

CONFECTIONARY SHOP
糖果店 & 甜点店

如何在喧嚣的车站内打造引人注目的小糖果店
帕帕糖果店（13.67m²）

008

如何通过设计使得小小糖果店脱颖而出
奶酪时刻（17m²）

012

如何打造如祖母厨房般的甜品吧
Spooning 曲奇面团吧（22m²）

016

如何构筑一个带有充足的储藏结构的灵活空间
Bean To Bar 巧克力店（33m²）

024

如何营造永恒感
a tes souhaits 甜点店（40m²）

032

如何打造一个能够实现广告效应的糖果店
妙可蓝多北海道店（43m²）

036

如何通过设计唤醒美好的夏日回忆
BON BON Fait Maison 甜品店（50m²）

044

如何通过设计传达出店主的生活态度
LA SER 甜品店（80m²）

050

如何在传统和现代的对比中取得平衡
ORO 提拉米苏（80m²）

058

如何设计一个低调的糖果店
右门果子店（81.42m²）

066

如何通过设计唤起五感的觉醒
桃 果（100m^2）

074

小面积糖果店 & 甜点店设计技巧

086

JUICE & ICE CREAM SHOP
饮品 & 冰激凌店

如何在繁华的都市中心营造一个幽静小店
Freshigh 果汁店（20m^2）

092

如何通过设计诠释客户的独特理念
"和" 冰激凌店（30m^2）

100

如何在设计和空间上体现粉色和创伤这一矛盾体
Pink Tears 冰激凌店（32.58m^2）

108

如何在有限预算和不理想的环境背景下实现引人
注目的设计
Mistea 茶饮店（40m^2）

114

如何兼顾空间功能、美感和舒适度
Gianluca Zaffari 冰激凌店（45m^2）

124

如何诠释 ins 风
维 星（48m^2）

132

如何营造一种全新的"红茶"体验空间
黑柠檬饮品店（92m^2）

186

如何打造一个可以唤起童年记忆的甜品店
AH–CHU 冰激凌店（69.7m^2）

140

如何在代入感与永恒感之间取得平衡
牛奶火车（100m^2）

194

如何通过设计吸引顾客驻足
ONE CUP 茶饮店（70m^2）

152

如何将美学特质融入冰激凌店内
LUCCIANO 冰激凌店（100m^2）

202

如何将实验室风格运用到果汁店设计中
果汁兄弟（85m^2）

162

小面积饮品店设计技巧

210

如何全面诠释品牌背景与历史
轻触冰激凌店（85m^2）

170

小面积饮品 & 冰激凌店设计技巧

212

如何实现一个可以自由交流的美食休憩地
达可芮冰激凌（90m^2）

180

INDEX
索引

214

CONFEC-TIONARY SHOP

糖果店 & 甜点店

设计：TORAFU 建筑设计事务所
地点：日本 东京

13.67m²

如何在喧嚣的车站内打造引人注目的小糖果店

帕帕糖果店

设计观点

- 化已有场地劣势为优势
- 空间设计与糖果制作过程相关联

主要材料

- 马赛克、木材、金属、玻璃

平面图

1. 柜台
2. 陈列墙

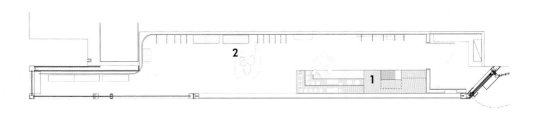

背景

帕帕糖果源自西班牙，这家小店选址在新宿站内，于2013年开业。店内面积13.67平方米，5年之后，TORAFU负责小店翻新工程。

设计理念

虽然面积很小，但是设计师以此为契机，致力于在繁忙的车站内创造出一个令人眼前一亮的小店铺，为此他们将整面墙壁打造成了一幅大壁画。

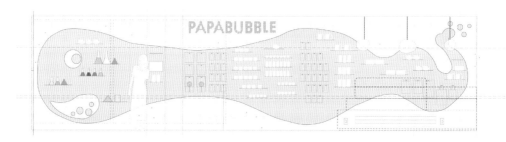

墙壁立面图

小店空间狭长，缺乏纵深感，为此设计师计划将整个小店打造成一个大的广告牌。他们充分运用糖果生产过程中的不规则形态，并通过大幅壁画将其呈现出来。壁画采用马赛克构成，偶尔出现的金色瓷砖看起来就像一颗颗糖果。

设计师注重突出材质的表现力，如木材、金属及玻璃构成的柜台完美地传达了高品质的品牌形象。另外，柜台上方三盏不规则造型的吊灯则更形象地诠释了糖果的生产过程。

设计：TORAFU 建筑设计事务所
摄影：长谷川健太
地点：日本 东京

17m²

如何通过设计使得小小糖果店脱颖而出

奶酪时刻

设计观点
- 运用插图插画
- 注重色彩

主要材料
- 塑料板

平面图

1. 商品陈列架
2. 柜台
3. 厨房

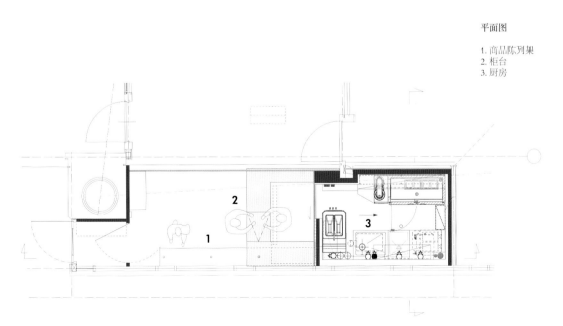

背景

"奶酪时刻"是一家制作和销售精选奶酪制品的糖果店,其选址在新宿站内,与车站南出口相通。这是该品牌的第一家店,因此需要打造一个高识别度的外观形象。

设计理念

尽管店铺面积有限,但设计师希望通过运用易于理解的图画打造品牌标识,使其犹如从包装袋上跳脱出来一般。

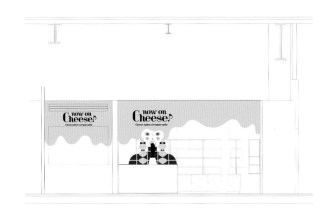

室外立面图

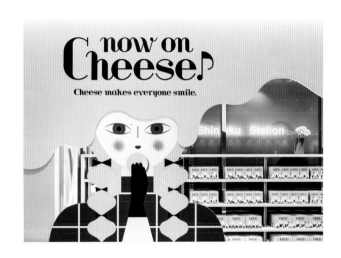

设计师构思了一个独特的空间造型——整体看起来好似一个放大的曲奇包装盒（曲奇是店铺的明星产品），而具有印象派画风的女孩形象格外引人注目，头发犹如融化的奶酪一般。

天花上的照明灯饰呈圆形，镶嵌在奶酪形状的小孔内，营造了统一感。此外，夜晚女孩头发会被照亮，使得朝向考梳大街（Koshu Kaido Avenue）一侧的店面格外突出。淡蓝色被广泛运用到墙壁、地面、柜台和货架上。

设计：Zentralnorden 工作室
摄影：帕特里克·尼奇
地点：德国 柏林

22m²

如何打造如祖母厨房般的甜品吧

Spooning 曲奇面团吧

设计观点

- 运用粉色唤起童年回忆
- 打造艺术装置营造亲切感

主要材料

- 胶合板、钢材

平面图

1. 柜台
2. 吧凳区
3. 存储

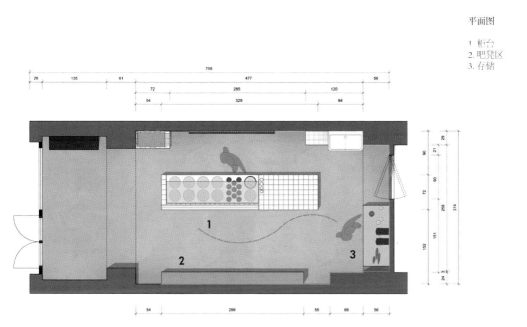

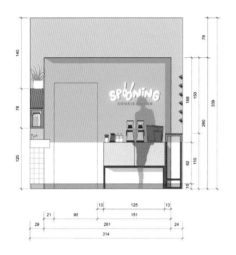

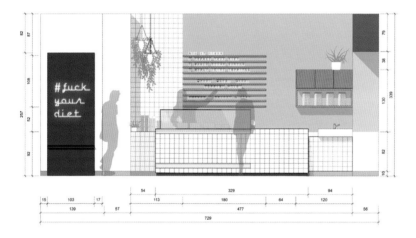

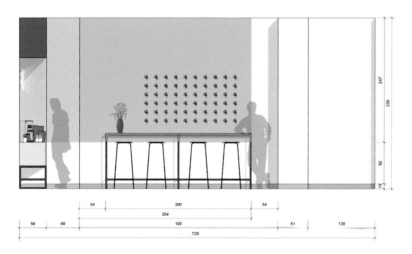

剖面图

背景

SPOONING 是一个不断成长的食品品牌，也是德国第一家供应新鲜曲奇面团的食品公司。Zentralnorden 工作室负责第一家实体店的设计工作。

设计理念

店铺选址在柏林普伦茨劳贝格区，店内面积 22 平方米，呈现狭长造型。设计目标是将其改造成一个明亮的空间，唤起顾客的美好童年回忆，让其感觉仿佛回到了祖母的厨房里。

项目预算非常有限。墙壁主要采用经典的
白色瓷砖饰面，并分割成三个色彩区域，
粉色、深蓝色和白色。吧台区采用极简原
则，3.3米的独立长桌用于展示店内数十
种产品，黄色的扶手供孩子们爬上来看看
碗里都装了些什么，别具一番特色。

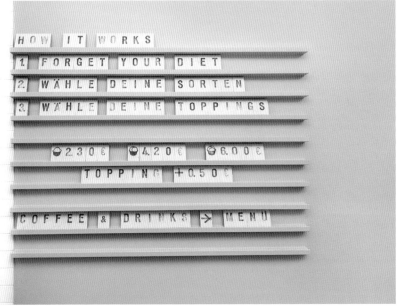

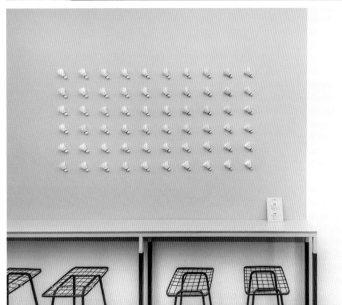

设计师打造了一系列的艺术装置，如深蓝色木板上刻着"forget your diet"的霓虹标识、羽毛球排列而成的装饰以及不断变化的手写菜单板，点缀空间的同时，也能起到媒介宣传作用。

此外，照明设计更是别具特色——整齐排列的 LED 灯管通过间距变化（吧台前行距较大，吧台后行距较小）营造出视觉纵深感。所有的家具都是采用涂层钢板和抛光胶合板打造而成。为保持整体空间的平面感，家具中突出粉色墙面的部分全部选用同色调饰面。

设计：TOGGLE 工作室（STUDIO TOGGLE）
摄影：吉乔·保罗·乔治
地点：科威特 萨尔米亚

33m²

如何构筑一个带有充足的储藏结构的灵活空间

Bean To Bar 巧克力店

设计观点

- 运用包装模型理念
- 数字化衍生设计方法

主要材料

- 石灰华、钢材

平面图

1. 室外休息区
2. 中央柜台
3. 墙壁陈列

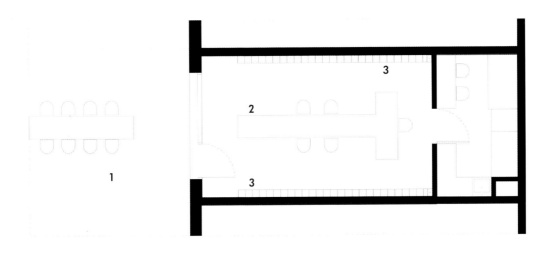

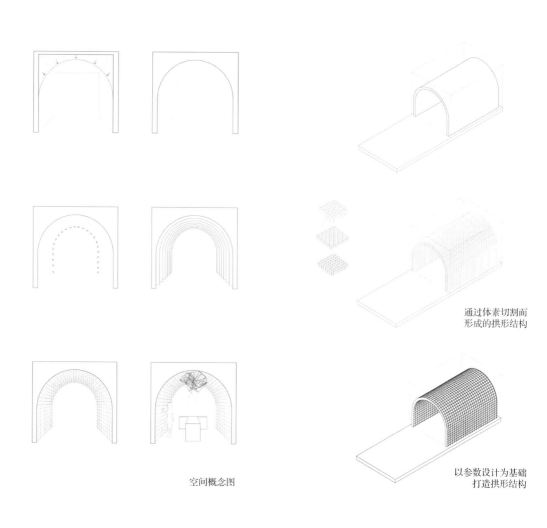

通过体素切割而
形成的拱形结构

以参数设计为基础
打造拱形结构

空间概念图

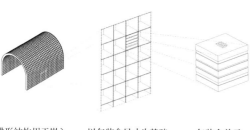

拱形结构用于嵌入　　以包装盒尺寸为基础　　包装盒单元
陈列系统　　　　　　的体素模块

陈列模块可兼作模拟屏幕

背景

巧克力店位于萨尔米亚 Arjan 广场，是该品牌在科威特的第一家店面。TOGGLE 工作室以流行的 F&B（餐饮）概念为设计出发点。

设计理念

巧克力店建筑面积 33 平方米，正面呈现狭长造型，这对设计师来说无疑是个巨大的挑战。他们希望创造一个明亮通透的内部环境，让店铺拥有充足的存储空间和灵活性。

设计师最终构思一个简单的解决方案：以细长的网格拱顶为特色，沿着店铺的纵轴伸展开，打造一个光滑的次级外壳，以此消除对传统天花板的需求，营造了一个更广阔的空间。拱顶的格子尺寸来自巧克力制造商使用的巧克力模块化包装。模块化单元格组成的拱顶可被当作一个模拟屏幕，单元格则成为一个个像素点。通过不同的包装组合或更改单个巧克力包装的颜色，这个模拟屏幕可以用来展示信息或组成不同的图形。巧妙的设计让店铺拥有了改变其环境的可行性，用一种非常简单而直观的方式来适应不同场合的需求。

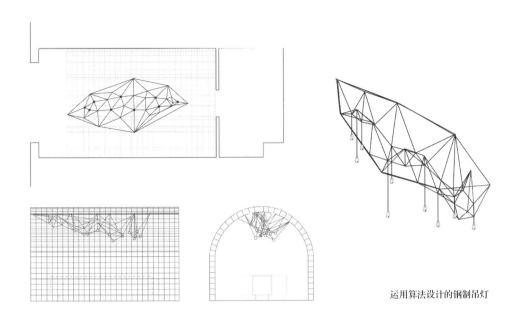

运用算法设计的钢制吊灯

复杂结构　　　　　　　　运用算法　　　　　　　为简单的制造技术推导长度

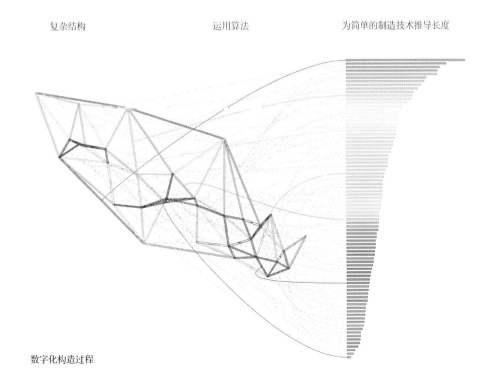

数字化构造过程

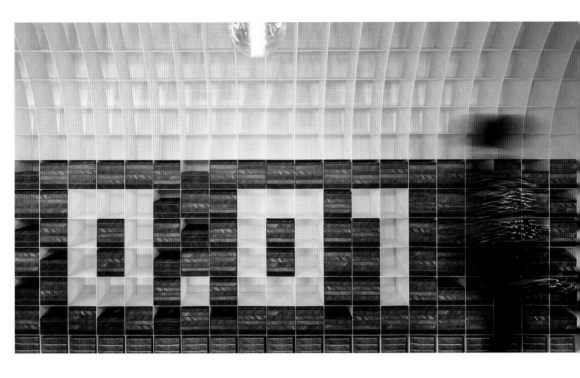

拱顶是一个嵌入式网格系统，由参数化设计生成，并以优化的数字技术制作。这一方式不仅便于使用，更能够减少材料的损耗，生成一个非常精确的自支撑钢结构。使用算法生成的钢制吊灯打破拱顶的对称性，同时在视觉上使其更加突出。吊灯与拱顶几乎形成了一种"寄生"的关系。设计师将这些强烈对立的元素并列在一起，创造出了精致的工业风外观，同时最大限度地提高了空间的利用率和亮度。细纹银石灰华既用作地板材料，也用作内嵌式冷藏柜的饰面材料，使得整体环境呈现出温暖的基调和平和的氛围。

这一项目是采用数字化衍生设计的一个成功范例，充分证明了数字化衍生设计不仅仅是一个工具，同时也可用于数字制作和优化工作流程。所有这些都是完成这一精致的创作所必需的元素。

à tes souhaits!
pâtisserie française

设计：GLAMOROUS 有限公司
地点：日本 东京

如何营造永恒感
a tes souhaits 甜点店

设计观点
- 品牌标识形象引入到空间设计中
- 白色和银色作为主色调

主要材料
- 大理石

平面图

1. L 形柜台
2. 厨房

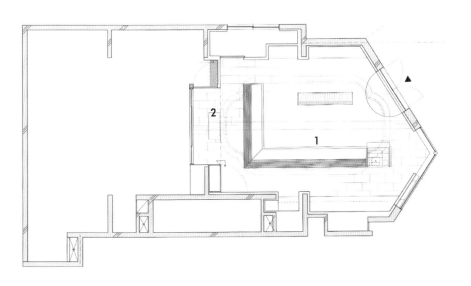

背景

Kawamura 是一名甜点师，年轻时就非常有名气。他在法国布列塔尼接受培训时，曾随手画了一个蛋糕模型，随之画了一只飞跃海面的海鸥。后来，这只海鸥就成为他的新店 "a tes souhaits!" 的品牌标识。a tes souhaits 甜点店非常受欢迎，顾客经常需要排队才能买到喜欢的甜品。GLAMOROUS 设计公司非常荣幸接下了这一店铺的翻新工程。

设计理念

基于店主的要求以及在"温故知新"的理念的引导下，设计师打造了"海鸥"百叶结构，让人不禁想到圣马洛的海。另外，他们放弃了彩色色调，主要运用白色和银色以突显店内的甜品。

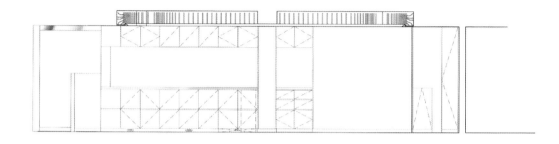

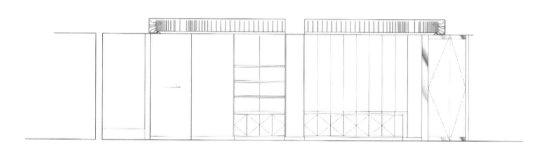

立面图

柔和的光线环绕着整个空间，为顾客营造了一个可以随意选择喜爱甜品的温馨氛围。陈列柜呈 L 形摆放，所有商品一目了然。

开放式厨房将甜点制作过程一览无余地呈现在顾客眼前，带来愉悦的视觉感受。此外，员工动线也经过精心规划，专门设立了用于包装的新空间，大大提升了购物的效率。

店铺经过翻新之后，其原始的美感得到更加全面的展示，温馨与永恒作为主题，让顾客无论是在挑选商品还是在排队等候都会怀着愉快的心情。

设计：南纪隆介
摄影：中野由贵
地点：日本 北海道

43m²

如何打造一个能够实现广告效应的糖果店

妙可蓝多北海道店

设计观点

- 营造独特的快闪店体验
- 明确品牌理念

主要材料

- 木材、打印 PVC 板

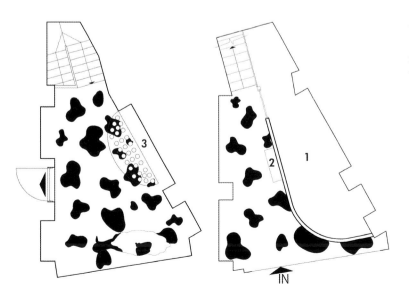

平面图

1. 厨房
2. 柜台
3. 二层吧台

IN

背景

这是一个短期的商铺设计项目。人们可以
来这里品尝来自北海道地区的乳制品（超
过一半的日本乳制品在北海道地区生产）。
这里原本放有一个巨大的广告标牌，如此
一来室内空间成了户外广告的附属品。设
计师将整体空间看作一个媒介，邀请人们
走进来品尝商品，并且将商店空间一直设
计到广告标牌上。

设计理念

业主的期待远远超过一个临时性的体验空
间，更强调广告体验，让每一位进来的顾
客都能够体会到愉悦与小惊喜。最终，设
计师将整个空间看作一个巨大的广告牌，
进而打造独特的体验空间。

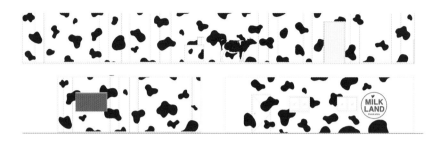

室内立面图

路人很容易就会被店面巨大的奶牛标志所吸引，印着的奶牛的图案从店面一直持续到室内，地板和天花板也都有着同样的图案。顾客在印着奶牛图案的冰激凌柜台买过冰激凌或牛奶制成的糖果后，可以沿着楼梯继续向上走。

外观立面图

概念示意图

奶牛的图案一直延伸到上层。这里有一头真奶牛大小的模型与黑白相间的图案混合在一起。旁边是一个装有各式配料的大型吧台，供顾客挑选他们喜好的甜品配料。半椭圆形的配料吧台看起来好像是从地板上冒出来的，也配有熟悉的奶牛图案。吧台使用的材料同墙壁和地板相同，使得容器中的各种配料脱颖而出，格外吸引眼球。另外一些配料容器在空气压力的作用下，会像打鼹鼠游戏里的鼹鼠一样冒出来，增强了顾客的体验乐趣。

设计：室内设计实验室
摄影：乔治·法基纳基斯
地点：希腊 基西拉

如何通过设计唤醒美好的夏日回忆

BON BON Fait Maison 甜品店

设计观点

- 从希腊的夏日中获得灵感
- 营造温馨友好的环境

主要材料

- 马赛克、大理石、木材

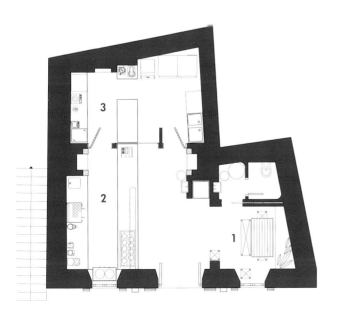

平面图

1. 座区
2. 柜台
3. 厨房

背景

希腊的岛屿生活与 "BON BON Fait Maison" 的高级法国美食创新相结合，这是由来自 "Kythira" 岛的室内设计团队创造的 " 快餐美食 "。这是一个在希腊岛屿上的快餐美食的创新概念，爱奥尼亚、爱琴海和克里特岛在希腊阳光下交汇。

故事始于几年前，一些来自巴黎的朋友在 Kythira 聚会。岛上奇特的能量、风味以及这个地方的真实性让他们的心怦怦直跳。这种对岛屿的强烈热爱唤起了他们创作的需要。这就是 BON BON Fait Maison 诞生的过程。厨师克里顿·米纳斯·普利斯 (Kriton Minas Poulis) 来自巴黎，他是 "BON BON Fait Maison" 餐厅的灵魂人物。正是他构想出了 "BON BON Fait Maison" 餐厅背后的烹饪哲学。这里提供的菜式包括希腊风味的手工冰激凌和冰沙、布列塔尼荞麦风味的法式薄饼、搭配独特的鲜榨果汁以及各种精挑细选的希腊传统食品。

设计理念

室内设计实验室早先便被委托在希腊某座小岛或欧洲其他一些主要城市设计一家门店。店铺位于基希拉城区内的一座建造于 19 世纪 60 年代的传统双层建筑中，当地建筑公司 m3kythira 对该建筑进行了修复和重建。室内设计的灵感源于希腊的夏日风情以及岛上居民的生活方式，旨在唤起人们对孩提时无忧无虑的夏季时光的记忆，其温暖的氛围宛如避暑小屋般使人流连忘返。

设计师对材料和构件进行了精心选择，使用了传统的马赛克瓷砖地板、纳克索斯岛上的白色大理石、嵌入式的长椅以及小心保留下来的木制天花板，这些都是希腊住宅中常见的元素。家具和所有木制结构皆是为该项目特别定制，彰显了室内空间的独特性以及设计师与众不同的设计哲学。灯饰使用了黄铜、瓷和玻璃，在白色的灰泥墙上投下动人的光影。最终，设计呈现出一种新与旧的交融，散发出温暖亲切的氛围。

设计：静谧设计研究室
摄影：稳摄影
地点：中国 杭州

80m²

如何通过设计传达出店主的生活态度

LA SER 甜品店

设计观点

- 建立室内外之间的联系
- 巧妙运用材质

主要材料

- 黄铜、水磨石、手工砖

一层平面图

1. 入口
2. 卡座
3. 吧台
4. 双人座
5. 收银台
6. 包厢
7. 操作间
8. 厨房

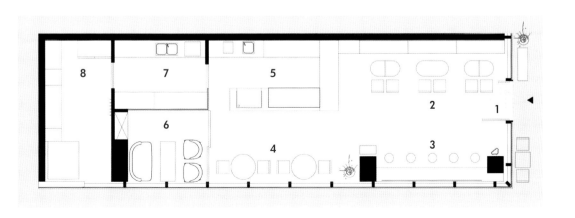

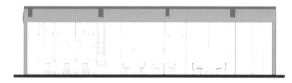
西立面

南立面

背景

店铺位于建筑的一楼，内部空间呈长方形，店铺入口朝南，最大的落地玻璃面朝西，由于周边建筑都是玻璃幕墙结构，在午后阳光下内部空间会有不同方向的反射光线和树的影子，店铺外立面可以看到的部分都是透明的落地玻璃，室内的一切都可以直接被看到，这些都是设计开始之前在现场除了尺寸以外所能获取的空间感受。

设计理念

第一次见面是在朋友的工作室，第二次见面是在设计师的工作室，工作室是一个工作地的统称，也是最容易识别出喜好的地方。一个甜品师的工作室和她自己的店铺，应该是不可或缺的组成部分。店主是一个留学英国回来的90后女孩，对于烘焙所需要的功能要求也很明确，表达对店铺如何经营是一个探索的且需要不断完善的过程，在沟通的过程中甜品工作室＋店铺的想法变得越来越清晰，相信每一个开店女孩内心的热情就是想做自己喜欢的事情，店铺所传达的也是一样。

模糊的内外界限，在外立面设计上做的是减法，除了需要被强化的入门外，其他都被弱化处理，反之内部立面和灯具的布置都需要考虑在外立面的呈现，是内部的也是外部的。

夜幕下，店铺内部球状的灯如金鱼的气泡，像是被慢慢凝固的样子，整个玻璃窗仿佛一个巨大的鱼缸壁，此时垂挂的灯管字亮起了橙色的光，"la ser"在法语中的解释是永远。

由于整体空间呈一个长方形，平面布局将空间拆分成两个部分。第一部分是承载着产品制作与研发的甜品工作室，内部有两个功能区厨房和操作间。第二部分负责饮品制作、产品展示和休息就餐的区域，其中还划分出可以独立使用的休息区，当就餐人数较多的时候开放使用，也可以作为工作室的组成部分内部使用。

空间中大面积使用黄铜金属框内嵌竖纹玻璃，既可以满足空间分割也起到给操作间辅助采光的作用。材质的贯穿使用，当一种材质被使用在主要立面上的时候，也会在局部设计中去使用，让空间视觉有连续的对应感。

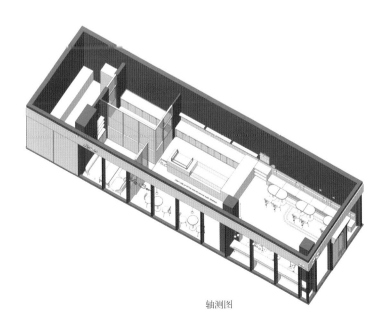

轴测图

吧台和休息区的材质使用倾向统一化，同样使用了绿色亮面方砖，在不同的光线下可以呈现不同的反射效果，整体色调在白天日光下和晚上灯光下呈现完全不同的两种感受。在空间中可以看到不同的反射光，比如内嵌在水磨石地面的黄铜图案和拉丁文字符，吧台上方夹丝玻璃吊柜的漫反射，灰色大理石的窗前吧台，还有铜镜明亮的光斑……店铺空间中反射的是来自不同材质的光芒，其实设计师想要表达的是一家店最好的呈现应该是反射出店主内心的光芒。如暖灰色墙面中不断变化的光影，思想、内心和年龄的改变都会在这样一种反射中被看到。

整个店铺的区域在大面积的暖灰色基调下使用不同的点缀色，以不同的方式介入，黑色的椅子，橘色的皮质靠背，粉色水磨石壁灯，让整个空间丰富的同时也不失掉年轻的随性。

设计：弄设计事务所（www.nong-studio.com）
设计团队：王坤阳、汪昶行、朱勤跃
摄影：汪昶行
地点：中国 上海

如何在传统和现代的对比中取得平衡

ORO 提拉米苏

设计观点

- 复古与现代共存
- 将意大利文化引入空间

主要材料

- 胡桃木、黄铜、镜子马赛克、不锈钢、紫罗红大理石、粉红玉、
  定制软包、定制壁纸、张拉灯光膜、铝板压花顶面等

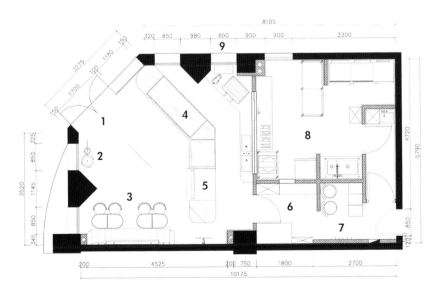

平面图

1. 入口
2. 陈列台
3. 座区
4. 柜台
5. 收银台
6. 操作间
7. 更衣间
8. 厨房
9. 橱窗

背景

"在我们选址的时候，我们首先考虑有历史感的街区，然后想的是在历史街区里成为时尚聚焦地。一步踩在过去，一步踏向未来"，这是来自意大利品牌创始人的诉求。

设计理念

对于这样一个以意大利传统甜品——提拉米苏为单品的品牌概念店，他们既以相传几代的传统配方为傲，又以互联网经济的快速物流为依托，创造了可以远距离配送但无添加的产品。基于这种矛盾气质，设计师也以复古与摩登的冲突为出发点去试着诠释传统商品的消费升级，让传统品牌得以重生。

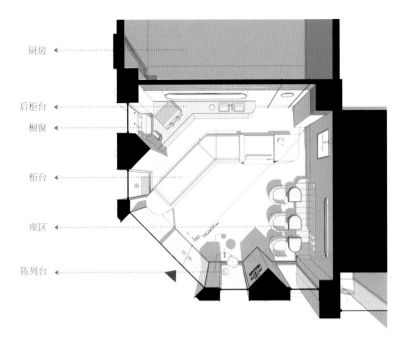

厨房 ←

后柜台 ←

橱窗 ←

柜台 ←

座区 ←

陈列台 ←

功能分析图

这个源自意大利的品牌的店铺坐落于上海，店铺的设计是一场空间与时间维度上的蒙太奇——连接着传统与摩登、过去与现实、历史文化与商业喧嚣——一条清晰的分割线沿对角线将店铺分成两块。一面带你步入 20 世纪中后叶的米兰，棕色胡桃木饰面，深褐色水磨石地面，黄铜，雕花吊顶，仿佛一场穿越回到后现代的米兰。而另外一边，与之相对应的是画着米兰著名的让努维尔二世拱廊的粉色墙纸，丝绒的粉色软包，粉色的水磨石地面，镜面和发光灯膜吊顶。所有材料和质感上的对比都隐喻着复古与摩登的品牌内涵。

水磨石这种做法源自 15 世纪的意大利，颜色上的区分不是一种简单的分割，而是在同一种基底里加上了不同的矿物质。同样的灵感运用到墙上，条纹胡桃木在 20 世纪被广泛用在米兰的公共空间的装饰上，有一种时代烙印；而另一个米兰标

志——让努维尔二世拱廊，我们又将其平面处理成镜像图案，制作成粉色墙纸，当两种材质在墙角相遇，是不同时期米兰的对话，也讲述着这个品牌的内核——既尊重传统，又不拒绝时尚。

概念图

意大利的传统经典被我们所熟知，意大利
的现代工业设计也被我们所膜拜，而有意
思的是，后者起源于二战以后，也正是意
大利最具代表的甜品——提拉米苏的诞生
时期。惊喜于这种巧合，设计了以提拉米
苏原材料手指饼干为原型的粉色丝绒沙发
和粉玉咖啡桌来致敬意大利后现代设计。
与空间另一边的胡桃木和紫罗红大理石遥
相呼应，让人在一进入这个店铺的时候，
就有一种时空上的穿越感。

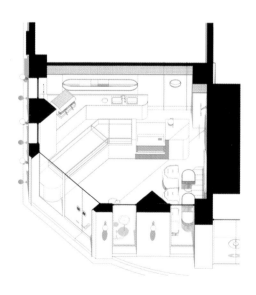

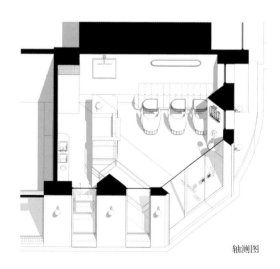

轴测图

宁可丰盛过度，也不要简单贫乏，是我们对以索德萨斯为代表的米兰后现代设计的研究心得。我们也以这样一个蒙太奇的设计灵感向孟菲斯设计致敬。设计的功能并不是绝对的，而是具有可塑性的。功能不仅是物质上的，也是精神上的、文化上的。产品不仅要有使用价值，更要表达一种精神层面上的内涵。戏谑、玩笑是一种生活态度，一种宽松和舒展的心态。

设计：KAMITOPEN 建筑设计公司
摄影：宫本啓介
地点：日本 琦玉

81.42m²

如何设计一个低调的糖果店

右门果子店

设计观点

- 保留原有外观
- 选择简约的材质

主要材料

- 玻璃、亚克力、钢材

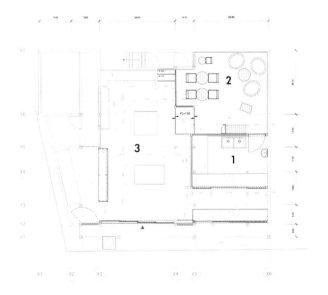

平面图

1. 厨房
2. 座区
3. 存储区

背景

糖果巷位于川越仓库区，这里林立着各种小店，主要出售日式传统糖果和糕点，因此而得名。

设计理念

这一小巷历史悠久，源自日本甜点师 Suzuki Fujizaeimon，其致力于为江户地区的居民制作家常甜点。而这一店铺的设计理念正是以此为根源，旨在打造一个低调平常的空间。

接待台和零售货架采用 3 毫米厚圆钢棒拼
接成网格结构，尽量削弱其存在感。天花
上的天线采用同样的网格图案，形成相互
呼应的效果。

设计师最后补充说："我们希望这一低调
的设计能够继续续写糖果巷的历史。"

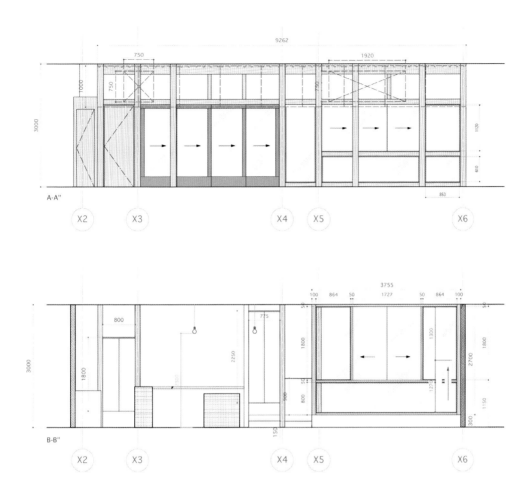

A-A''

X2   X3   X4   X5   X6

B-B''

X2   X3   X4   X5   X6

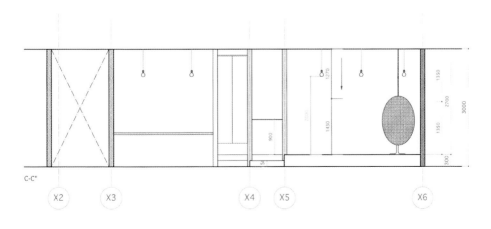

C-C''

X2   X3   X4   X5   X6

剖面图

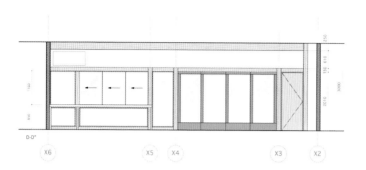

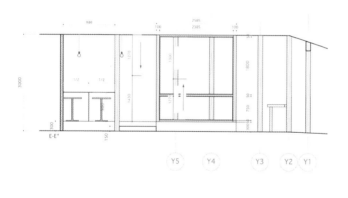

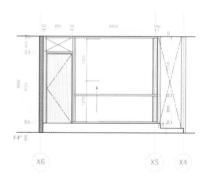

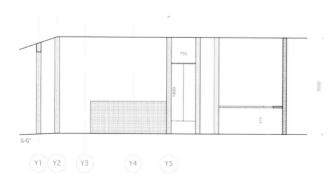

剖面图

Momoka.
ももか

桃果

Momoka.

OPENING
HOURS
営業時間
10:00am - 8:30pm

週三定休

设计：文超、简璞·JSD
摄影：NG 工作室
地点：中国 重庆

100m²

如何通过设计唤起五感的觉醒

桃 果

设计观点

- 以全新的视角审视设计之于人的意义
- 设计不仅仅是一场与视觉层面有关的表达

主要材料

- 切割不锈钢板、水磨石、原木

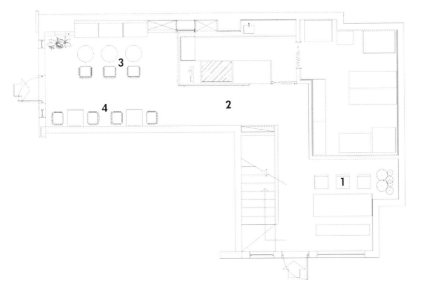

平面图

1. 入口休息区
2. 柜台
3. 卡座
4. 双人座

背景

正如其名，桃果（momoka）是一家兼营日式洋果子（即日式甜点）和美甲的集成小铺。分为上下两层，一楼主要售卖日本洋果子、茶饮，还有咖啡；二楼则主要经营日式美甲和美睫。整个小店，从空间细节到物品摆放，都散发出一种属于日式日常的淡淡的仪式感。

设计理念

在原研哉的话语体系中，"触觉"已经上升为了一种思考态度，一种如何以自己的感觉进行认知的细腻过程。因此，对于设计者而言，重要的并不是如何创造，而是如何让人们去感受。

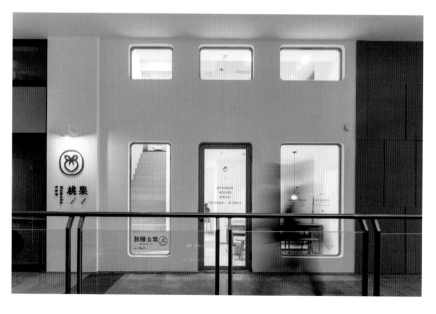

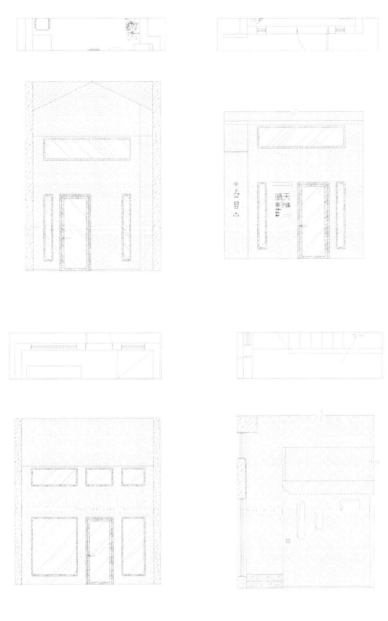

立面图

从这个意义上讲，桃果则可称得上是一个
在感知方式上（而不是囿于形式）令人们
有所惊喜与期待的空间设计作品。设计总
监用白色和原木色消解了视觉层面的活跃
度，转化为一种其他四感交集杂糅的、软
糯香甜的感受力。

OPENING
HOURS
営業時間
10:00am - 8:30pm

毎週三定休

1-F

2-F

洋菓子   喫茶店
ケーキ   カフェ
Cake   Cafe

美甲美睫専門店
ネイル まつげ サロン
Nail Eyelash salon

桃果空间的一楼，开敞明亮，洋果子的丝丝甜味在空气中不断蔓延，门与窗均以呵护的姿态抹去棱角，用圆润平滑去包裹空气中的甜，轻柔而舒展，不带一丝一毫的攻击。二楼则为搭建空间，利用天井的处理手法，将光线引入进来，同时与一楼共享一个空旷高顶的前厅，让空间有了更多互动性的可能。

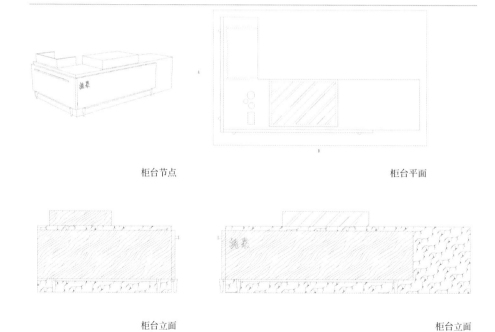

柜台节点

柜台平面

柜台立面

柜台立面

在这里，墙壁在退后，隔断在消失，桌椅的摆放自成一个空间区域，独立却并无界限阻隔；厨房、吧台也以最整洁的方式出现，真诚而不动任何心机。在这片毫无保留的领地里，人们的行为也开始发生微妙的变化，他们以低频共振的交互方式对这里做相应的、甚至全新的认知。

设计师对差异的控制。同样是白色，在设计师手里，却多出几分暖意，少了几分生涩。他试图用白色去抵达简单与满足，在信奉无矫饰的领地里，让白色以柔软、洁净、漂浮乃至信任与休憩的名义，在空间形态之中轻声低语。而这种轻声低语的价值系统，能通过所有感官抵达人的深层意识。

与其说这是一种成功，不如说这是一种对新型经济和美学成熟达成一致的自洽，也只有通过这种自洽，我们才能以如此轻松的姿态，探索着日常生活中的谦和之乐。就像设计师自己阐述的那样："让空间退回去，再退回去一点，无论是空间还是灯光、色彩，我希望它尽量地友善一点。因为我希望进来的人都愿意坐下来，安静而温暖地待上一阵，有机会，听听这里的故事，关于人和人的故事。"

关于桃果的设计，是一次很美妙的际遇。

一家糖果店的装修设计效果直接影响到顾客的视觉，从而间接影响到销售额，如何打造一家特色十足的店铺，成了店主关注的要点。以下设计细节可供参考。

店铺选址

店址的选择首先要充分考虑到当地的实际消费水平，其次要考虑目标消费群体。通常情况下，进口糖果价位一般较高，因此繁华商业区、各大高校、车站、客流量大的电影院附近都是不错的选择。手工 DIY 糖果的消费人群多为时尚年轻人群，所以一般会选择在特色街区或者景区附近。（图 1、图 2）

店面设计

店面的门头是带给顾客的第一印象，在满是品牌店的大街上，如何才能快速吸引顾客眼球，无疑门头在其中发挥着重要作用。

在设计时，首先根据店铺的定位与特点确定一个主题，所有的装饰技巧如色彩、风格、造型、灯光、材料等都围绕设定的主题而进行，从而打造与众不同的店面形象，并且与店面内部设计互相呼应，做到重点突出，主次明确，对比变化富有节奏和韵律感，让人耳目一新，吸引来往人群的眼球，提高顾客的进店率。

招牌的设计一定要根据店面装修定位做到易识别、简单，制作材质精良，创造出一种舒适的购物环境，让顾客预先感受到完美的服务。（图 3、图 4、图 5）

陈列设计

陈列是糖果店设计中较为重要的一个环节，好的陈列会起到吸引顾客的作用。首先，橱窗是最能吸引顾客的部分。糖果店的橱窗陈列要迎合销售的季节变化，把最有创意、最具特色的产品陈列展示出来，让顾客一目了然地看到所展示的产品，而且要确保具有吸引力，达到引人注目的效果。

店内陈列则需要陈列最热销、最具特色的产品。通过陈列方式，突出店铺的设计感。一家优秀的糖果店，是能够把产品的风格融入到实物的摆设上，这样才会给顾客营造一个赏心悦目的购物环境。（图 4、图 5）

陈列设计

陈列是糖果店设计中较为重要的一个环节，好的
陈列会起到吸引顾客的作用。首先，橱窗是最能
吸引顾客的部分。糖果店的橱窗陈列要迎合销售
的季节变化，把最有创意、最具特色的产品陈列
展示出来，让顾客一目了然地看到所展示的产品，
而且要确保具有吸引力，达到引人注目的效果。

店内陈列则需要陈列最热销、最具特色的产品。
通过陈列方式，突出店铺的设计感。一家优秀的
糖果店，是能够把产品的风格融入实物的摆设上，
这样才会给顾客营造一个赏心悦目的购物环境。
（图 6 ）

空间设计

糖果店内装饰不需要太过豪华或者复杂，以简约、时尚风格为宜。为了营造出一种温馨甜蜜的氛围，刺激消费者的购买，可以在墙上贴一些可爱的卡通人物漫画，在糖果中摆设憨态可掬的娃娃和玩具，还可以设置满是青春气息的留言板。

海报在起到宣传作用的同时，也可以作为空间装饰品来使用。其巧妙地摆设同样可以起到吸引眼球的作用，这是许多店铺装修都比较容易忽视的一点。值得注意的是，海报宣传也有一定的讲究，要摆设在店面最显眼的位置，而且要突出主题，突出店铺特色。（图7、图8）

JUICE &
ICE CREAM
SHOP

饮品 & 冰激凌店

设计：栋栖建筑设计（上海）有限公司
主创设计师：姜南、马翌婷、王仁杰
摄影：刘瑞特
地点：中国 上海

如何在繁华的都市中心营造一个幽静小店

FRESHIGH 果汁店

设计观点

- 注重与周围环境相协调
- 选用绿色作为主色调

主要材料

- 切割不锈钢板

平面图

1. 吧台
2. 座区

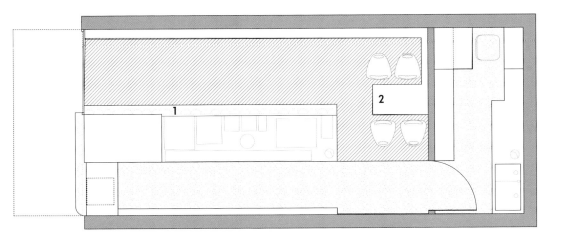

背景

位于上海市中心陕西南路的 FRESHIGH
是一家名副其实的"网绿店"，从门头、
桌椅、置物架到灯光装饰更是淡淡的薄荷
绿，给人一种清凉的感觉。

设计理念

如何将这个 20 平方米的小店改造成一个
与环境和谐共生，同时能吸引来客的休憩
处成为设计的首要任务。设计的最终结果
是一间充盈着柔和的绿色，隐藏在老旧的
周围环境中让人惊喜的空间，一个人们可
以停下来放松、喝一杯健康的果汁再回到
繁忙的城市生活之中的驿站。

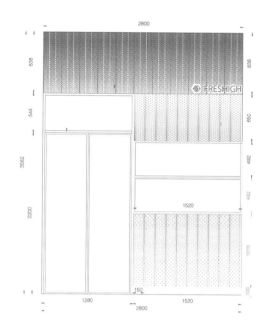

外观立面

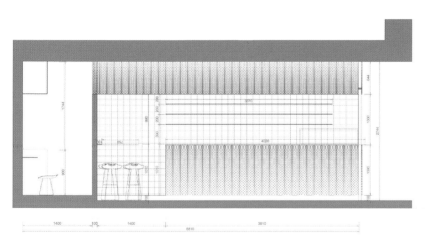

剖面图

外立面改造同样使用激光切割的不锈钢板，精心设计钢板的分割比例，与半圆柱相呼应，同时镂空内隐约透出绿色，与室内形成对比。立面上完全开敞的折叠门最大限度融合了街道与室内空间，可以上翻开敞的外卖窗口引起路人的驻足和好奇。同时让顾客更直观地看见通过新鲜的水果与娴熟的技艺制作出来的每一杯果汁。

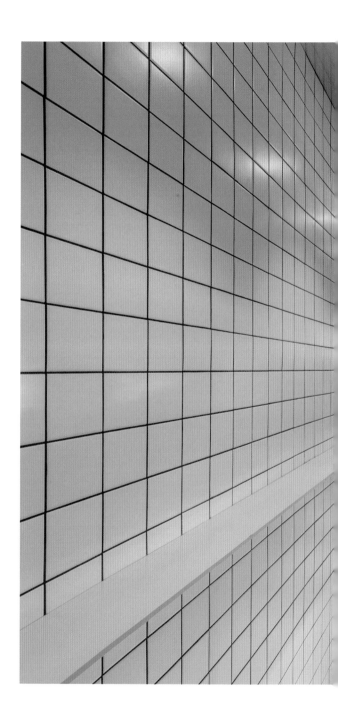

喷涂成精心挑选的绿色的钢板是设计的主要元素，通过激光切割出图案及连接构件，并预先在工厂将其弯折成弧形于现场组装，最大限度地减少了现场的施工。通过电脑编程生成的图案，上下依次渐变，使原本硬朗的材料营造出织物般的柔软质感。依次排列的半圆筒弧形钢板，以及纹理渐变的镂空图案所营造出的比例及秩序感与圆弧的优雅以及图案的柔和感形成了鲜明的对比。

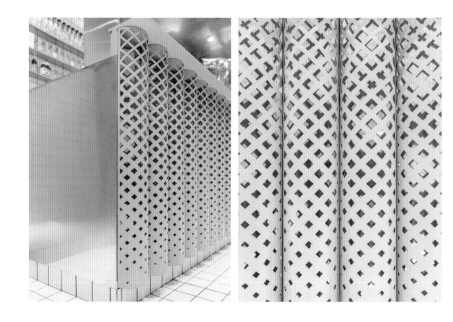

功能上，上方的镂空半圆筒不仅隐藏了空调出风口及操作间的排风扇，还可以用来储存水果，镂空的设计利于水果的通风储藏，也让顾客更直观地看见原材料。吧台前侧半圆筒的背面衬托镜面不锈钢，在反射下会产生错落丰富的肌理效果，同时经由镜面不锈钢反射而出的光线通过镂空半圆筒后在白色瓷砖地上洒下丰富梦幻的光斑。墙面和顶面分别是白瓷砖和特殊处理的不锈钢材质，使得空间更加通透明亮。

设计：同伴 / 空间 / 设计工作室（party/space/design）

摄影：F Sections 工作室

地点：泰国 曼谷

30m²

如何通过设计诠释客户的独特理念

"和"冰激凌店

设计观点

- 探索关于简约的价值
- 从客户自身获得灵感

主要材料

- 马赛克 大理石

平面图

1. 主入口
2. 座区
3. 柜台
4. 吧凳区

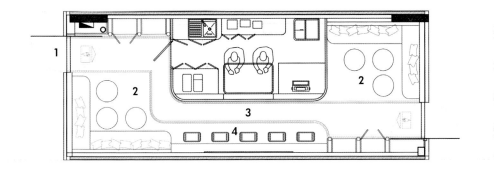

背景

"Ampersand"是符号标识"&"的全称，代表单词"和"（and）。在这里，则意味着来自世界各地的原料的集合。这一品牌的产品主打高品质原料，不添加任何人工制品和防腐剂。

而这家以"Ampersand"命名的意式冰激凌店，不仅口味独特，品质上乘，更融合了店主的热情（她经常到世界各地去寻找新的原料）。

设计理念

这家店的设计理念主要源自店主本人，即打造与众不同的冰激凌。为此，设计师决定将其"独特"的个性进行彻底诠释。

店铺建筑设计以"简洁"为理念，简单但不廉价是主旨。客户将其定义为"通向未来的大门"，但设计师需要思考，未来是什么？随后，便开始深入研究，最终发现了和冰激凌相关的 "简约主义"的价值。店主努力将全球各地的原料带回店里，来实现冰激凌爱好者的梦想。为了找到这些原料，店主总是在发现新线索之后第一时间出现在去往那里的机场。这一点大大启发了设计师，他们将门、月台和标牌以及和机场相关的元素结合。色彩方面则选择了白色和深蓝为主色调（这也是冰激凌店的标识色），额外添加金色，增强空间的优雅气息。

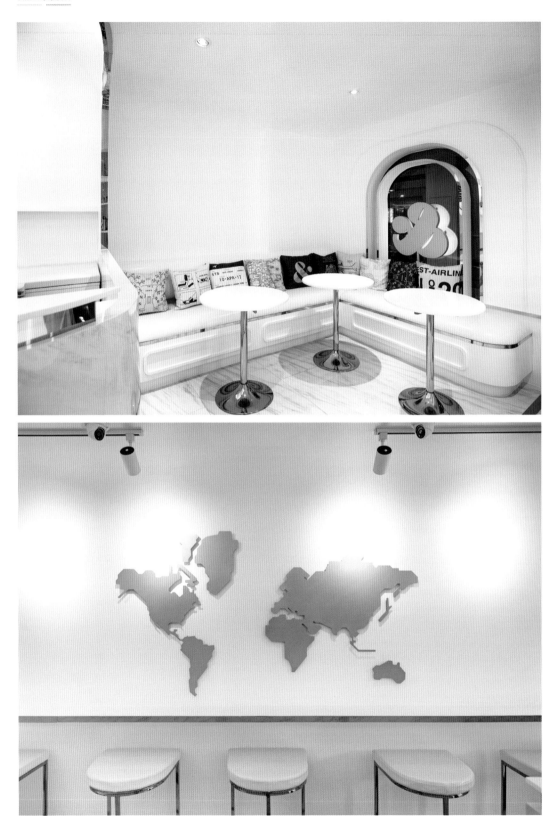

设计师秉承"超越自身价值"的主要目标，打造了一家不仅仅是卖冰激凌的店铺，更营造了店主最喜欢的空间，在这里的每一秒钟都会让她感到非常幸福。当然，这里也俨然成了一个能够彰显其自身品牌身份的场所！

设计：杨敏 / mintwow 设计工作室
摄影：mintwow 设计工作室
地点：中国 上海

如何在设计和空间上体现粉色和创伤这一矛盾体

Pink Tears 冰激凌店

设计观点

- 用色彩的碰撞去表达品牌的特质"粉色和创伤"
- 外立面的打开，更融洽地和街道相处
- 通过不完整的拼贴形态体现矛盾体

主要材料

- 六边形瓷砖、钢板、涂料

平面图

1. 室外座区
2. 室内座区
3. 吧台区
4. 卫生间

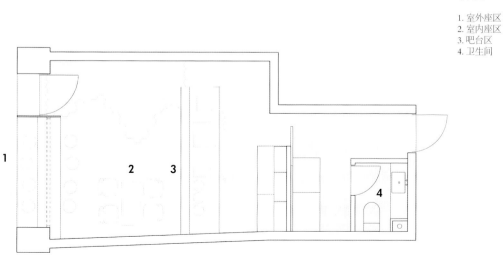

背景

Pink Tears 冰激凌店位于上海市中心的复兴中路中段，与东面的新天地和西面的环贸 iapm 之间的行走距离大约在 2 千米以内。看似优质的地理位置也带来了更为严峻的问题，位于两个地铁旺站之间的小店铺要如何跟城市级别的大型人流聚集地抢夺资源？

设计理念

"Pink Tears" 是店主赋予这家冰激凌店的主题词，"粉色的眼泪"，意在通过粉色系的可爱甜食治愈都市人群的心灵创伤。所以粉色和创伤这对矛盾的特质也就顺理成章地成为设计生成的源头，贯穿在小店铺空间里的角角落落。

外观立面

为了在预算不高的条件下完成这对矛盾体的诠释,设计利用了色彩作为最上级的操作手段,配以材质和空间等的二级手段。粉色是既定的主色,跟它完成矛盾配对的另外一个主色选择了灰色。粉色和灰色,一个象征着明媚可爱,一个象征着成熟疏离,两者可以组合成的配色方案浩如烟海。最终我们将都市人群的冷漠外在和柔软内在拟化到店铺后得到了外灰内粉的整体空间架构。除此之外,外部的灰会部分地延伸入内部,内部的粉也会部分地蔓延到外部,作为人群性格拟化的补充。

复兴中路靠店铺侧的人行道宽度很窄,约为3米,其中还被行道树占了近1米的宽度。我们观察了过往的行人,发现匆匆通过的占绝大多数,并且越狭窄的位置行人的通过速度越快。为了减慢人流流速,吸引人流进入店铺,我们牺牲了部分面积,在靠街道侧分割出一个小型的内凹空间,做成对坐可以坐8人的长桌区域,配合上部可完全开启的折叠窗完成了私密和开放的两重功能需求。这个长桌的空间带有渴望交流和希冀关注的隐喻,所以桌面的颜色被定义为粉色。

外部门头的材料选择了镀锌钢板,折成一顶带有金属光泽的浅口帽,以此暗喻人群精英般的外部武装;而透过门面可见的粉色软装、粉色标识就潜移默化地成了渴望被理解和治愈的邀请。

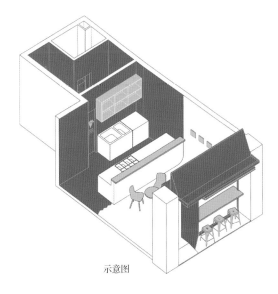

示意图

相比设计初衷里自带的忧郁气质，整个破旧塑新的建造过程显得更加的激动人心。

Pink Tears 的净面积为 32.58 平方米，大约等于 10770 个圆筒冰激凌正面朝上平铺开来的大小。

店铺内的设计同样在反复地叙述这种柔软的矛盾创伤：断裂拼贴的六边形蜂窝砖和墙面到地面的连续弧形倒角；悬挂在不同高度的自制随机线条灯带和拥有圆润边缘的成品塑料桌椅等。

设计：杨敏 / mintwow 设计工作室
摄影：mintwow 设计工作室
地点：中国 上海

如何在有限预算和不理想的环境背景下实现
引人注目的设计

Mistea 茶饮店

设计观点
- 拥抱城市街道，充分运用门前的大树，形成天井向街道空间蔓延的过渡
- 运用曲线的趋势，形成有吸引力的空间
- 色彩和材质上主要以白色和绿色的不透明和半透明材料为主

主要材料
- 绿色玻璃瓶碎片、透明亚克力圆管、炫彩膜、镜、白色氟碳喷涂穿孔铝
  板、不锈钢编织网、白色仿大理石瓷砖、印度大花绿大理石马赛克

平面图

1. 天井
2. 操作台
3. 存储区
4. 卫生间

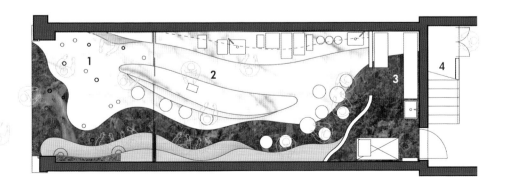

背景

Mistea 是创意广告公司 MisCube 的副品牌。是一群做创意设计的人开办的一家有趣的茶饮店。

设计理念

在天井种一片小森林，沿着迷幻天空往里走，于蜿蜒柔软的小河边坐下，轻轻地喝一杯茶。

"小自然"的构想拆分开来，可以分为三个部分："小森林""天空""小河"，分别对应的是"小森林""迷幻"和"流动"。

在第一次和业主去基地现场勘察的时候，就看见了门前约占店铺面宽 1/3 的梧桐树，并且店和树之间的人行道宽度非常狭窄，以至于能同时通行两人已是捉襟见肘了。在这个又惊又喜的大树面前，我们就想，不如把这棵大树变成自己的树吧，然后把天井打开，种一片小森林去和门前的大树做朋友。接着，做流动的空间，把行人引入到店内，再做一片奇幻的天空，回应店的名字"Mistea"。因为现场条件的限制，和店本身的特质，于是设计概念一开始便能够呈现出大体的骨架了。

小森林

正是因为门前非常遮挡的大树，所以"小森林"的想法才能自然地浮现出来。

打开天井，作为和城市的连续，使得天井变成联系城市和店铺的介质。作为共享空间的天井，希望能在这里发生更多的可能性。除此之外，为进一步延续街道和店铺，在天井"种"了一片"小森林"，与梧桐树形成互为一体的一片林，把街道空间拉进到天井中。"小森林"由七根充满绿色玻璃瓶碎片的透明亚克力柱组成，如同树干一般伫立在天地之间。夜晚，灯光透过不均匀堆积的玻璃碎片，沁出层次变化丰富的绿光，在作为树干的同时也成了树本身，营造出夏日夜晚饮茶的清爽感。亚克力柱直径分为 100 毫米和 00 毫米两种尺寸，自由地进行组合，呼应自然的随机性。

在"小森林"的地面上，分布有八个绿色玻璃瓶碎片填充的地洞。如同苔原般在充满水汽的玻璃片上若隐若现，也成为"小森林"的一道有趣的景观。天井靠墙一侧，种植有真实的绿植，在充满想象的"小森林"空间中，点缀上生命的质感。

位于"小森林"的两侧，是打开异世界大门的镜墙，整面的镜子让"森林的树木"一下子变成原来的无数倍，更加显得生机勃勃。而两面镜墙互相平行反射，也让人分不清楚边界在何处。在放大空间于无数倍的同时，也给人带来无限的"迷"。由此开启下一章节"迷幻"。

迷幻

"迷幻"从"小森林"无限反射的镜墙中延伸而来。"迷幻"的起点，源于这家店的店名"mistea"的"mis-"一词。作为词根的"mis-"，本身是充满魔法、难辨真假的错质感。这种与众不同的"mis"，在空间上赋予了它不同于常态的曲线流动形态，打破完全分离的操作与客座的界面，让两者的关系更加柔和一些。在界面上，采用了能够有趣地体现"迷幻感"炫彩膜，作为吊顶的主要材料，以褶皱的方式显现和反射不同的色彩变化，营造小森林迷幻的天空。

在灯光设计上，采用"去真存伪"的方式。筒灯照在炫彩膜上折射出奇特的色彩渐晕在白色的墙体上，若隐若现。小森林的灯打在绿色玻璃瓶碎片上，发出幽幽的绿色。绿色的光和街道上的行人车辆零碎地反射在炫彩膜的"天空"上，无不反映出"迷幻"的境界。在"迷幻天空"的终点，我们来到一面曲墙前，一个充满炫彩膜的弯弯的门洞，正在呼唤着我们，它轻轻地呢喃，我们却听不大清楚。站在"迷幻之门"前，往回看，是刚才经过的"流动空间"。

流动

"流动"是串联起整个空间的一条绳索，我们抓着它，即使是在迷幻森林的蜿蜒小河边行走，也能再走回到我们自己，中间的过程就像是去走了一趟奇妙的冒险。"流动"是整个空间和四面八方的界面的主线。

我们因为门前的大树和狭小的人行道，于是想要化险为夷地把人引进来，就以流动的空间和界面作为基本的操作手法。

最显而易见的是地面白绿两色流动的曲线，像是可以把人吸引进来的旋涡。印度大花绿的仿大理石瓷砖刻画出柔软的"河岸"，荡漾着河流的波浪。天井和店铺室内以无框玻璃做分隔，满足日常需求的同时，不阻断空间的流动性。

家具上，主要分为从室内延伸到天井的吧台和座椅，连续地好像不曾有玻璃的隔断，形成完整的曲线贯穿内外。

吧台分为朝向墙一侧的主操作区和中岛吧台。中岛主要作收银、展示等对外的操作，并且该吧台分为 900 毫米和 750 毫米两种不同高度的桌面，如同酒吧一般，形成主客之间的互动。中岛吧台之上还设有外卖窗口，只需轻轻地移开玻璃，便能从屋里空间上获得真实的连续，同时可以使室内相应稳定的空间和天井更加动态的空间互不干扰，相互独立。

另一侧的客座区，以一条木质曲线的座椅连续入口到店铺最内侧的曲墙。曲线的木质座椅同时结合桌面和花池，在流动的过程中做着功能的转换。座椅靠背的桌面虽窄却仍足以担负起放置茶杯和手机等物件的功能，并且在天井的座椅靠背上伸出来的两个圆环，可以方便客人置物。座椅贯穿内外的长长曲线空间如同地铁上的长椅，以不同的方式和朋友互相嬉笑着。座椅的底部，以柔软的不锈钢编织网连接整个座椅界面，使得空间不被打断地流动着。

在整个流动的空间中，流动以不同的形态和缓急在不同的地方呈现着。中段因靠近吧台而收窄，在人稍多的时候显得有些湍急，在其两端则是两个放大的空间。入口端的放大空间，是作为"小森林"的天井，空间被若干"树林"分割成有趣的游戏空间。末尾段是另外形态的放大空间。人们在这里安顿下来，变得非常的舒缓。这里提供两张圆桌，可供人对坐而饮，圆桌与顶上伸下来的两根绿色的灯柱相互呼应，形成日常茶饮空间的中心性。河流穿过整个小店，在不同的区段蜿蜒向前。

在"迷幻天空"上，吊顶以连续折面的坡屋面、平屋面的方式，使得顶面的"天空"同样以连续流动的空间形态呈现。

渐渐地，我们从小自然中走出，回到日常的城市街道的怀抱，从街对面远远回望，看到醒目的店面。在明亮的绿色小森林的外面是一片门形的白色。六块渐变的白色穿孔铝板覆盖在扎满绿色玻璃瓶碎片的白色墙体上，隐隐地从白色中透出点点清澈的绿色。

mistea 的招牌从顶上悬挂下来，好像浮在半空中一样。

如此，便是这城市中的一片小自然，充满迷幻又柔软的茶店。

设计：SK 设计事务所
摄影：马塞洛·唐那多西
地点：巴西 卡诺阿斯

45m²

如何兼顾空间功能、美感和舒适度

Gianluca Zaffari 冰激凌店

设计观点

- 与品牌理念保持一致
- 运用天然材料

主要材料

- Mezas 家具
- Impacto 外标识
- Madeart Móveis 木作
- Fábrica de Mosaicos 定制瓷砖
- Luzes do Mundo 灯饰

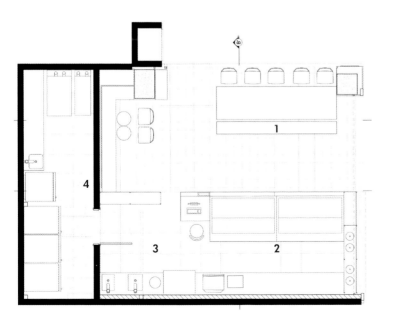

平面图

1. 顾客区
2. 服务区
3. 技术平台
4. 存储 / 生产区

背景

漫步在商场里，远远就能看到店内的冰激凌桶标识，当然这也是入口的焦点，让店内的产品一目了然。

设计理念

主要设计目标即打造一个友好而温馨的冰激凌店。

这家店主要供应意式冰激凌，品牌理念即为提供原汁原味的商品。设计师以此为灵感，将"真实性"传递到空间设计中，因此大量选用了天然材质，如松木家具、砖石以及绿色植物。

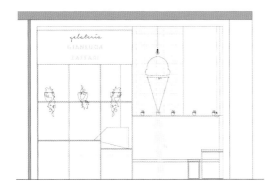

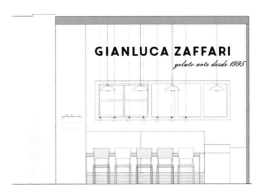

室外立面图

液压地砖是定制的，通过色彩来标记行走路线，同时更为空间增添了一抹愉悦感。长桌的引入使得空间得以最大化，也促进了顾客之间的交流。

这一项目获得了 2018 年 "卡诺阿斯公园购物最佳设计竞赛" 一等奖，在 250 多个候选项目中脱颖而出。 奖项的评估标准涉及建筑方案、功能性、照明、适用性、材料细节和规格、视觉表现、家具安装等方面。

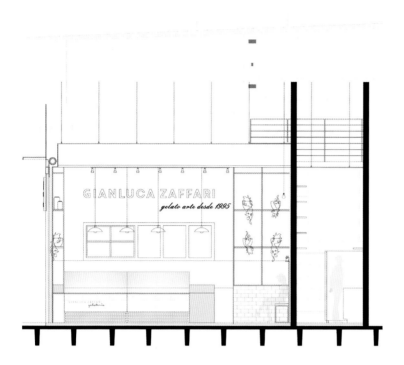

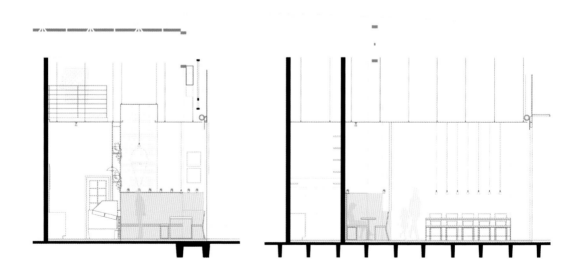

剖面图

设计：深圳市华空间设计顾问有限公司
摄影：陈兵摄影工作室
地点：中国 深圳

如何诠释 ins 风

维 星

设计观点

- 选用原木色作为主色调
- 材质简约而低调

主要材料

- 水磨石、大理石、木材

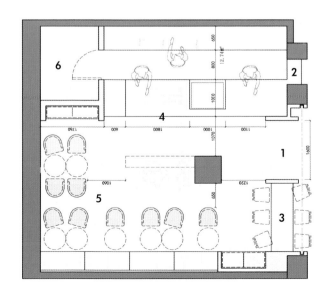

平面图

1. 入口
2. 外卖窗口
3. 吧凳区
4. 柜台
5. 座区
6. 存储区

背景

唯有高颜值才能被消费者喜欢的时代，相信每个餐饮品牌都会为店铺的新形象所苦恼，究竟什么样的才是消费者喜欢的和经得起市场验证的？

实际上，消费者不太可能对一个品牌一直保持着绝对的忠诚度，特别是在同类品牌竞争激烈的时候，哪个品牌能为消费者带来更多的价值，现实的消费者就会立刻倾向到那品牌。维星陪伴了深圳人走过了 6 年，也承载了无数深圳孩子们的记忆。

设计理念

设计师希望能通过深入的研究，从维星的最新店铺的形象下手，通过设计的手法可以从店铺体验感上激发消费者的兴趣。

通过这次的升级和蜕变，以一种全新风格出现在众多的老顾客眼前，主要以木色为主，搭配辅助色及临近色，呈现出一个简洁明亮的空间体验，给予了他们一种新鲜别样的视觉效果，并通过设计提升了店面环境的舒适度。

除了店面的全新升级，还有外带软木杯子
与这次新店形象的调性也达到了很高的统
一性，被赋予了独特的视觉效果，非常的
吸引眼球，对于那些注重细节的杯子控来
说，将会是一种很大的满足感。

设计：wanderlust 设计事务所

摄影：李在尚

地点：韩国 京畿道

69.7m²

如何打造一个可以唤起童年记忆的甜品店

AH-CHU 冰激凌店

设计观点

- 了解目标顾客的共同特征
- 以"想象"和"情感"作为设计关键词

主要材料

- 地面——瓷砖
- 墙面——涂料、图画、霓虹标识等
- 天花——涂料、射灯、吸顶灯、台灯

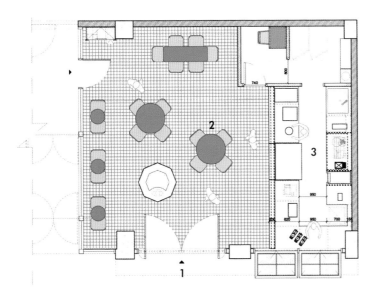

平面图

1. 入口
2. 座区
3. 制作台

背景

Ah-chu 是一家冰激凌店，主要供应意式冰激凌和吉事果。客户要求打造一个别具一格的空间，让客人即使在等候的过程中也不会感到无聊。

设计理念

该地区的居民多是年轻家庭及其子女，因此设计师要考虑为上述两个目标群体进行空间设计。那么，应该如何进行空间设计，成功吸引那些大人和小孩？在开始空间设计规划之后，他们已经决定接受成人和儿童的目标，吸引他们的童年情感。

成年人的童年情绪是过去的回忆，而儿童的童年情绪是现在的时间。最终发现，想象力是最适合的空间设计理念之一，可以刺激成年人的童年情感，同时激发儿童的充满活力的童年情感。基于这个概念，设计师以"特别甜点邀约地"和"甜蜜想象的地方"为故事背景，展开构思。

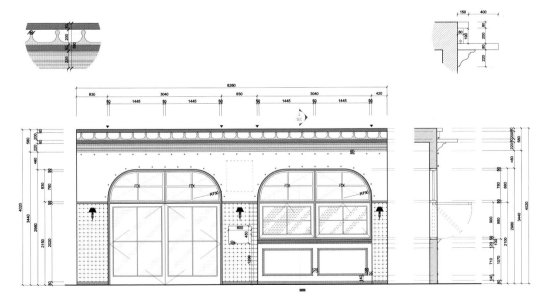

店面外观　　　　　　　　　　剖面图

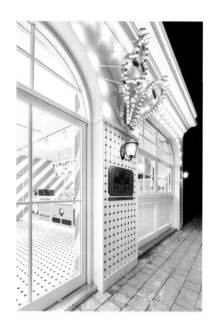

外观设计强调与甜点王国的构筑关联。与内部空间色彩主旋律相反，外墙涂上了纯白色，底部采用黑白两色的瓷砖进行完善。在白色背景下，自然光线以及间接照明灯饰和壁灯发出的光线成功吸引了顾客的眼球。

冰激凌和吉事果的造型被应用在顶部的招牌上，从下面看上去，清晰可见，同样起到吸引顾客眼球的目的。巧妙的设计为这家店铺创造出与众不同的形象，让人们从外观就可以想象到内部空间的模样。

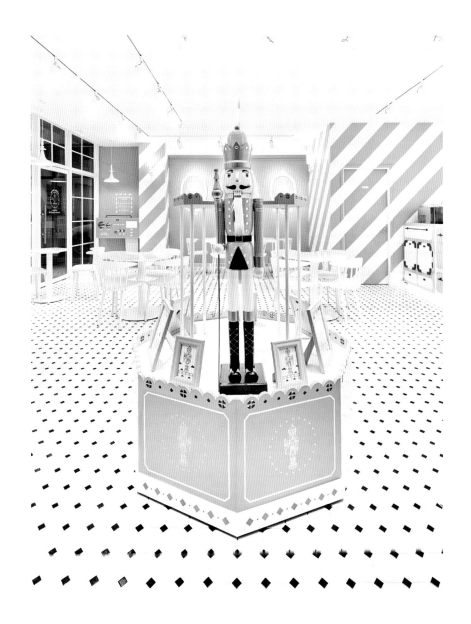

整个空间都涂上柔和的粉红色、蓝色和白色，以彰显亮度。

从主入口可见的展示家具用于营造友好的氛围，和士兵娃娃一起欢迎着顾客的到来，简洁逗趣但又诚实可亲的表情让空间的想象力和情感因素变得更强大。由两台托盘组成的家具通过其底部夹具固定，可随意移动。

设计师格外专注于柜台设计，以创造有效的视觉效果。由于这里被认为是客人频繁流动和产品销售的区域，因此将其与制作冰激凌和巧克力的厨房制造某种关联。他们计划创造真实的吉事果制作过程，就好像通过按下操纵杆和按钮，吉事果就可以从面团机里生产出来。

灯光设计与烤箱建立联系，如同吉事果制作完成亮起的指示灯一般。陈列柜用于展示五颜六色的冰激凌，突显机器灵敏度。

最后，厨房通过改变橱柜的形状和有趣的方式而完成。此外，这些展示陈列柜都可以轻松打开。

柱子上和员工室外墙上运用对角条纹图案装饰，大大增添了空间的动感。主墙面装饰着标记"国王"（KING）和"王后"（QUEEN）的环形图案，让人不禁想到冰激凌王国。

写着"幸福的记忆可以让人感到幸福"霓虹灯标牌是设计师在空间内传达的终极信息，即让客人记得他们在这里的幸福回忆。

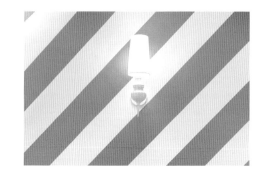

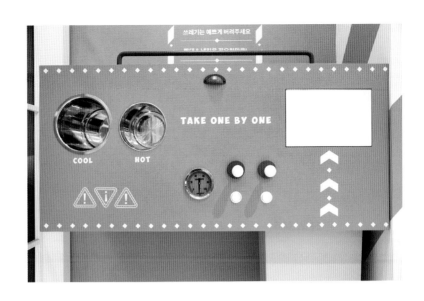

设计：浆果创意
主创设计师：何靓
摄影：翱翔
地点：中国 成都

70m²

如何通过设计吸引顾客驻足

ONE CUP 茶饮店

设计观点

- 打造简约风
- 突出与众不同的"味道"

主要材料

- 环氧地坪漆、人造石、涂料、PPR 管

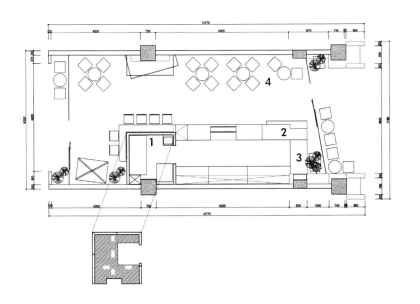

平面图

1.服务吧台
2.收银台
3.存储
4.座区

背景

作为茶饮新品牌，ONE CUP 在当下激烈的茶饮店竞争情况下，一方面希望能打造出独有的"味道"，与常态化、标准化有巨大的差异性的品牌空间形象。另一方面，相对理性的预算控制也是对设计方不小的考验。

设计理念

去繁从简，作为整个设计的切入点其实并不能带来更为直接的差异化形象，如何让客人驻留下来不愿离去，则是关键。

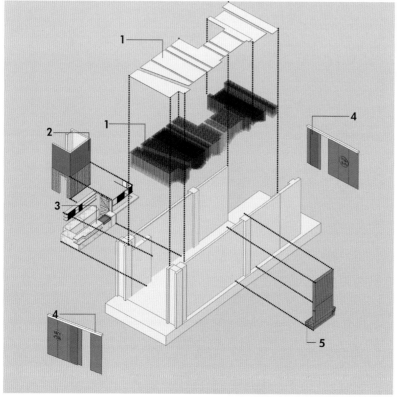

示意图

1. 天花
2. 存储
3. 吧台
4. 入口
5. 装置艺术

空间的利用效率在这种小型长条空间的布局上决定了并不会有太多"故事性"；原有空间层高 5.8 米，搭建阁楼并没有什么问题，但随之而来的问题是成本的增加，更为关键的是，作为一个快消品行业，一味地增加空间面积其实并不能一定增加收益，无法达到最佳"坪效"；放弃搭建后的空间高度则具有巨大的发挥余地。

设计师利用极为夸张又极富韵律的架构型
装置，去凸显整个空间的视觉张力；天花
上9972根长度不一的渐变色柱棍，通过
高度上的不断起伏延伸，以及底部镜面的
反射，让已经进入空间的和即将进入空间
的人们被足够吸引。

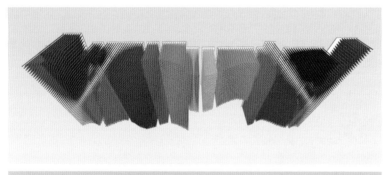

室内立面图

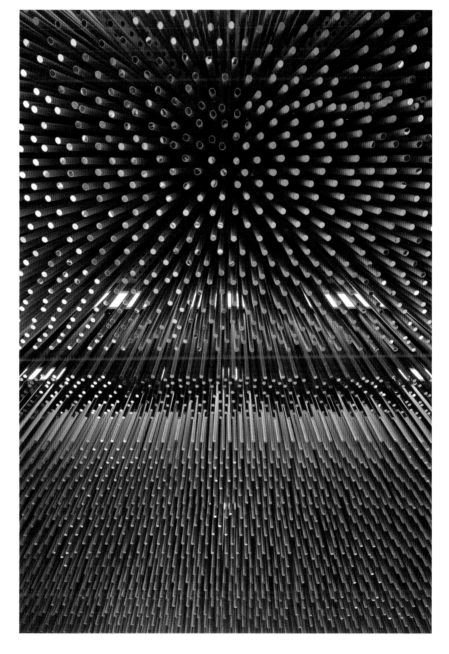

设计：99 设计工作室（Ninetynine）
摄影：沃特·胡博思
地点：荷兰 阿姆斯特丹

如何将实验室风格运用到果汁店设计中
果汁兄弟

设计观点
- 尝试使用多种材料
- 保持空间简约整洁的特征

主要材料
- 墙面——混凝土、白色瓷砖
- 地面——橡木
- 柜台——米白色可丽耐
- 桌子——黑色钢材

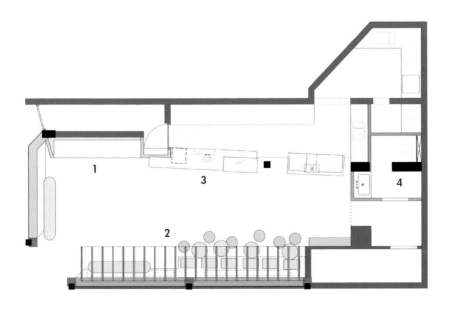

平面图

1. 商品陈列架
2. 沿窗座区
3. 柜台
4. 卫生间

背景

果汁兄弟使用冷压方法制作新鲜的日常果汁，以保留大部分必需的维生素、矿物质和酶，并保留产品的天然风味。 其第一家店位于阿姆斯特丹，出售约 20 种不同的饮料，包括冷榨果汁、滋补品、牛奶、饮用水以及沙拉和小吃。 每种饮料均采用独特的配方制成，并在专业厨房中生产。

设计理念

一方面要确保产品新鲜健康，另一方面要采用实验室技术进行加工，两者之间似乎是一对矛盾体。然而空间设计恰是从这点出发，以营造出合适的氛围。

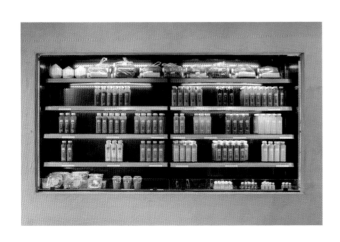

设计师选取多种人造材料和天然材料，还配以自然植物用来装饰空间。黑色开放式冰柜嵌入水泥墙内，和表面光滑的白色可丽耐柜台一同构成空间的焦点。其中冰柜用于陈列新鲜果汁，柜台被分割成两部分，一面用作收银和摆放小零食，一面用于现场制作台（除了冷压平装饮料，店内还供应鲜榨果汁）。

厨房墙壁采用瓷砖饰面，地面则选用橡木板铺设。黑色窗台上摆着大大小小的绿色坐垫，与沿着窗台摆放的黑色钢制矮桌共同营造了一个舒适的休息区。天花上绿意盎然的植物从黑色花架上悬垂下来，为整个空间平添了生机与活力。

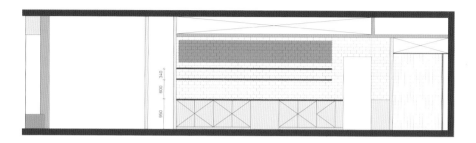

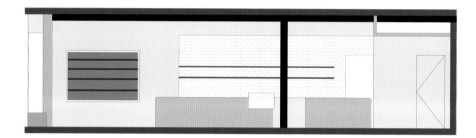

剖面图

灯具布置图

A. 轨道灯
B. 万向内凹射灯
C. 内嵌聚光灯

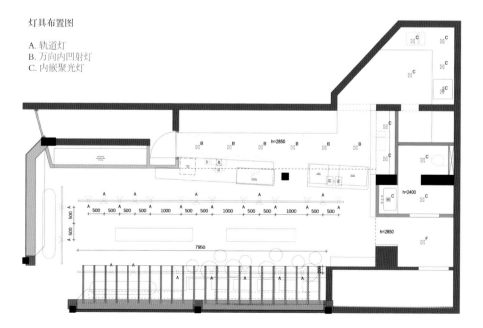

设计：PLASMA NODO 工作室（PLASMA NODO）
摄影：丹尼尔·梅西亚
地点：哥伦比亚 麦德林

85m²

如何全面诠释品牌背景与历史

轻触冰激凌店

设计观点

- 从客人角度深入了解品牌
- 构思全套设计方案

主要材料

- 胶合板、混凝土、橡木、镜子、玻璃、管子、钢材、金属网、
  瓷砖、涂料、铝材、霓虹灯

平面图

1. 室外休息区
2. 柜台
3. 室内座区

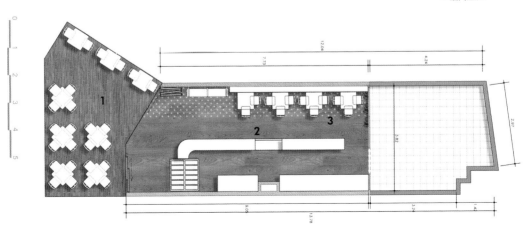

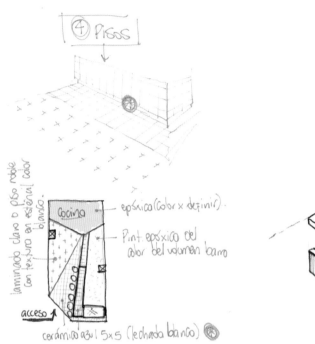

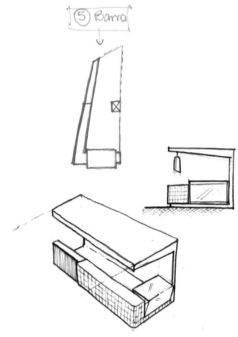

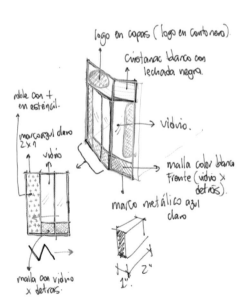

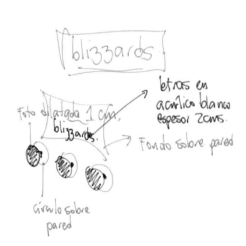

外观手绘图

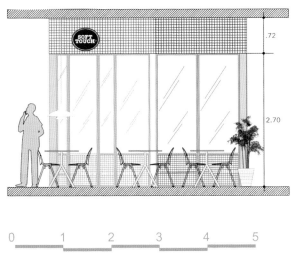

.72

2.70

0　　　1　　　2　　　3　　　4　　　5

外观立面图

背景

轻触冰激凌（SOFT TOUCH）是一个传统的冰激凌品牌，其位于麦德林的旗舰店选址在著名的商业中心区，面积约 85 平方米。

设计理念

PLASMA NODO 工作室负责冰激凌店整体设计。业主要求重塑品牌形象，但不能失去其品牌原有的背景。设计师首先以顾客的身份去同品牌店内坐上一会儿，品尝店内的产品。经过几次的亲身体验以及同客户、员工的交流之后，对品牌理念获得深入了解，开始构思通过形状、色彩以及材质等视觉语言实现业主要求。

设计师构思了新的色彩方案，大胆突破但又清新十足，其中对比色调是整个室内空间设计的核心。这一处理方式不仅让人充分了解了老牌冰激凌店的特色，更将传统美学和现代细节完美融合起来。除了室内空间，设计师还负责建筑外观、动线规划、家具设计以及部分平面设计内容。

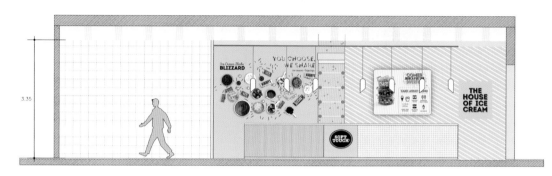

剖面图

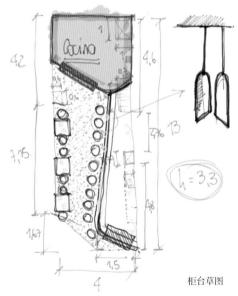

柜台草图

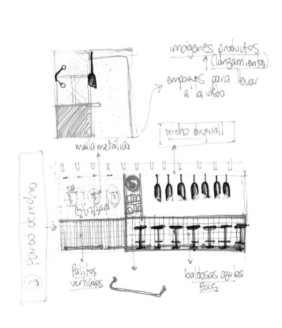

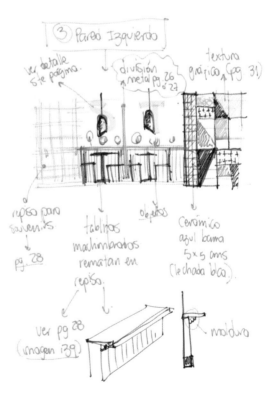

灯具草图

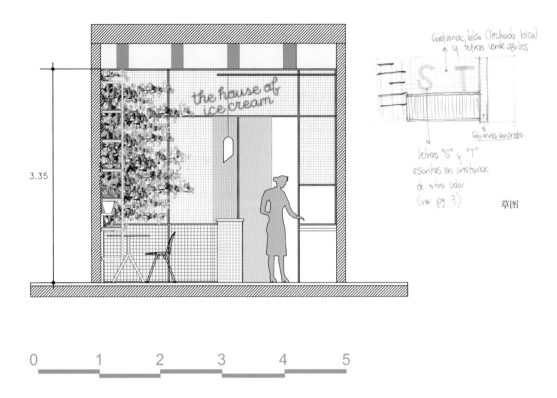

3.35

0 1 2 3 4 5

草图

letras "S" y "T"
escritas en cristanac
de otro color
(ver pg 7)

cristanac blco (lechada blco)
y letras verde azules.

columna concreto.

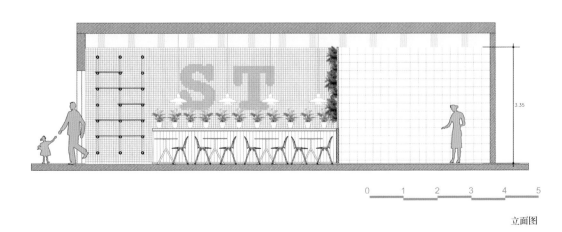

3.35

0 1 2 3 4 5

立面图

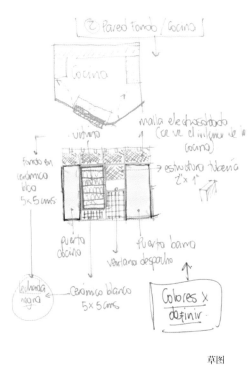

草图

设计：罕创设计事务所

摄影：布莱恩·蔡

地点：中国上海

如何实现一个可以自由交流的美食休憩地

达可芮冰激凌

设计观点

● 保留传统元素

● 融合现代和当地特色

主要材料

● 切割不锈钢板

平面图

1. 厨房
2. 冰激凌柜台
3. 座区
4. 通往办公区楼梯
5. 上层中空空间

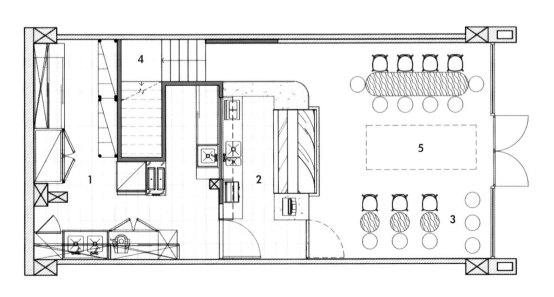

背景

陕西北路上悄悄出现了一家主打意式冰激凌的小店，满溢明亮的橙色和浅色的大朵花卉组合成了夏天最美好的样子。店名中"达可芮"（Dal Cuore）包含了店主从内心出发的心思，希望不管做什么事都不忘初心。

设计理念

为了和高品质的产品相契合，达可芮希望他们的门店设计可以保留一些能够体现经典意式冰激凌传承的传统元素，同时还希望结合一些现代的设计元素和特色，使门店设计与达可芮冰激凌橘色的品牌标识相得益彰。

Black Sesame
黑芝麻

Lychee Rose
荔枝玫瑰

Pear Oolong
梨香乌龙

Almond Affogato
杏仁杏仁茶啡

Matcha
特浓抹茶

Mango
芒果

Pineapple Szechuan Pepper
花椒凤梨

Amarena
奶油樱桃

Hazelnut
榛子

Salted Caramel
海盐焦糖

Pink Grapefruit
少女西柚

Pistacchio
开心果

Cioccolate
黑巧克力

Watermelon
西瓜

Banana
香蕉牛奶

Lemon
酸良柠檬

Strawberry
草莓

为了展现高品质诉求，设计师希望用传统
元素去体现经典的意大利冰激凌传统文
化，并融入当代元素和橙色的品牌色彩。

斑驳的砖墙、水磨石地面、粗犷的木桌和
长凳、时尚摩登的休闲座椅、精美的金色
不锈钢和大理石细节以及温暖优雅的配
色，空间虽小却以丰富的肌理和色彩尽显
精致和优雅的惬意氛围。

最后呈现出的空间体现了精致现代与经典
传统的完美平衡，这种平衡又将所有设计
元素的乐趣与玩趣联系在一起。上海的盛
夏，达可芮冰激凌又将是一番门庭若市的
景象。

Milk.
Black.
Lemon.

By GOGO NO KOCHA

设计：隆介楠木〔Ryusuke Nanki〕

摄影：加藤纯平

地点：日本 东京

92m²

如何营造一种全新的"红茶"体验空间

黑柠檬饮品店

设计观点

- 从茶中获得灵感
- 打破传统茶坊的风格

主要材料

- 木材、金属、树脂

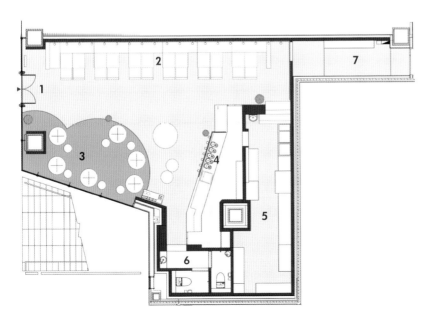

平面图

1. 入口
2. 座椅区
3. 沙发区
4. 服务台
5. 厨房
6. 卫生间
7. 后院

背景

这是日本麒麟饮料（KIRIN）旗下红茶饮料品牌"午后红茶"开设的首家实体茶饮店。这里呈现了一个全新的品茶空间。

设计理念

为了营造一个与现代典型的茶坊完全不同的空间，设计师以"茶"为灵感，构思空间的方方面面。

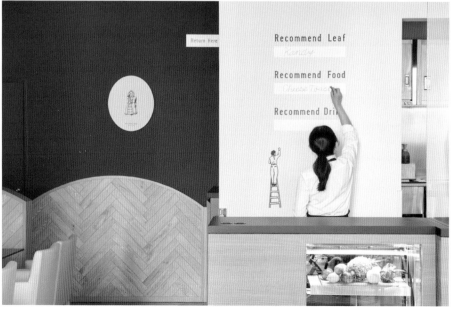

经典的人字拼地板采用红茶色和奶茶色饰面，座椅的皮质靠垫采用奶茶色和柠檬茶色装扮，花盆内种着茶树，其他家具全部选择与茶相关的颜色装饰，共同营造了一个与"茶"息息相关的空间。更值得提到的是，墙面的红色直接来自品牌包装，靠垫运用三种不同类型的红茶叶颜色浸染。

休息区的"茶灯"借助日本顶级的饰品造型技术打造，巧妙地展示了以红茶为基础的衍生食品，包括碳酸茶、水果茶以及由多种茶叶混合制作的饮品。室内采用与红茶相关的多种颜色点亮，柜台的玻璃墙等距摆放着"茶灯"产品，与其相对的另一侧则展示着不同色调的红茶，包括三种冰冻红茶和水果茶。这一区域主要用于向顾客展现新品。

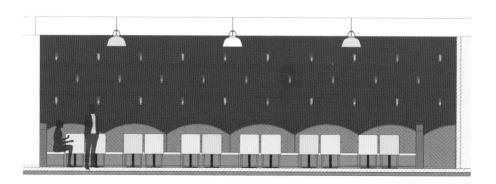

室内立面图

茶灯细节图

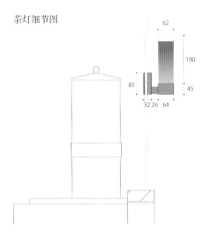

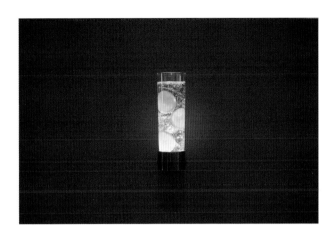

这里的一切都是以茶为灵感而打造，与以往任何一家茶饮店都没有相似之处。除了室内空间，设计师会负责员工形象打造和选择餐具，旨在营造一个全新的红茶体验场所。

设计：FormRoom 工作室
摄影：FormRoom 工作室
地点：英国 伦敦

如何在代入感与永恒感之间取得平衡
牛奶火车

设计观点

- 打造灵活空间以适应不同流行趋势
- 模仿火车形象

主要材料

- 马赛克、黑色金属

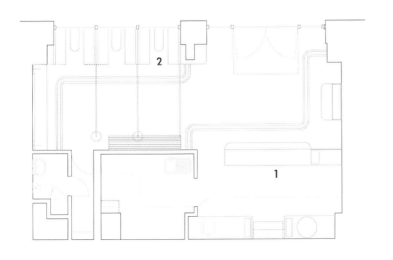

平面图

1. 柜台
2. 座区

背景

FormRoom 工作室受托设计一个能够让访客沉浸其中的空间，以满足该品牌的不同受众群体。为此，他们与品牌合作共同总结出四个关键词：超现实、永恒、英伦风和代入感。

设计理念

店主要求通过设计满足空间的社交需求，因此其面临的最大挑战即在永恒感和代入感之间寻求平衡。这是该品牌的第一家实体店铺，但以店内产品和品牌理念为核心，空间氛围要迎合季节变换，适应不同的流行趋势。同时，随着品牌知名度的不断提升，到店顾客的数量和体验也要给于充分的考量，让他们在最短的时间内得到最舒适的服务。这家店也是该品牌未来店铺的设计蓝本。

MIND THE MELT

基于以上理念，设计师打造了一个独特的、梦幻般的空间环境。统一色调的运用形象地刻画了除传统火车站和月台的场景，完美再现了艺术装饰运动的精髓。店铺外观采用不透明玻璃材质，模仿覆盖着蒸汽的火车车窗，而黑色金属细节装饰则营造出独特的火车体验感。

大拱门结构和圆形照明灯具遍布在整个空间，让人不禁联想到经典的英式火车形象，增添了趣味性。

天花装饰结构仿造"蒸汽"形状打造，可以根据未来需求随时进行调整。

火车站的导视形象被引入进来，马赛克瓷砖拼贴出"注意融化（Mind the Melt）"标识嵌入地面上，而品牌标识和点餐系统则参照了月台上的栅栏结构设计。

PLAT.	BUILD YOUR MILK TRAIN	FROM £4
1.	CUP OR CONE?	£4
2.	ICE CREAM BASE (MILK OR DAIRY-FREE)	
3.	PICK FLAVOUR	
4.	ADD 1 MIX – IN (OPTIONAL)	+50P
5.	ADD 1 TOPPING (OPTIONAL)	+50P
6.	COTTON CANDY CLOUD (OPTIONAL)	+£1

PLAT.	SPECIALS (CUP OR CONE)	FROM £6
1.	AT THE MOVIES	
2.	COOKIES & CREAM DREAM	
3.	THE UNICONE	
4.	ROCKY TRAIN TRACK	
5.	BERRY GOOD	
•	GO CHOO-CHOO (COTTON CANDY CLOUD)	+£1

PLAT.	MILK TRAIN SHAKES	FROM £5
1.	VANILLA	
2.	CHOCOLATE	
3.	STRAWBERRY	
4.	OREO	
5.	MYSTERY FLAVOUR?	
•	GO CHOO-CHOO (COTTON CANDY CLOUD)	+£1

ARRIVALS

ORDER

COLLECT

MIND THE MELT

设计：HitzigMilitello 建筑师事务所（www.estudiohma.com）

摄影：费德里科·库莱迪安

地点：阿根廷 布宜诺斯艾利斯

100m²

如何将美学特质融入冰激凌店内

LUCCIANO 冰激凌店

设计观点

- 打破传统冰激凌店的风格
- 参照美术馆设计理念

主要材料

- 混凝土、黑檀木、铁

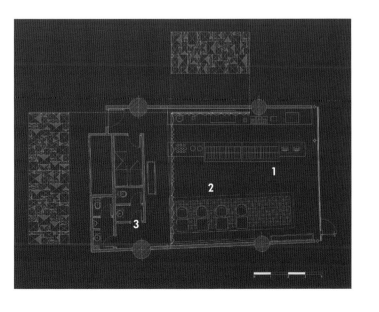

平面图

1. 座区
2. 柜台
3. 卫生间

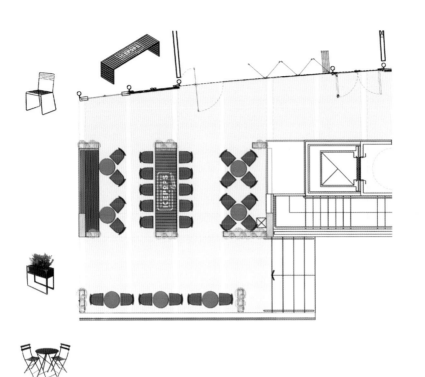

室外平面图

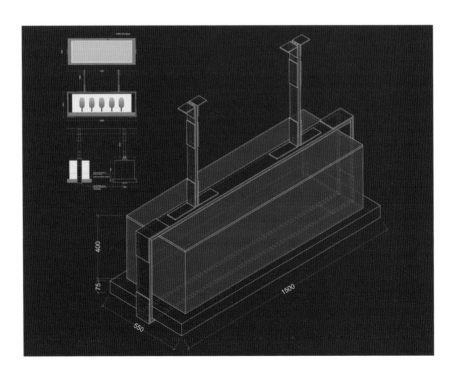

轴测图

背景

品牌最初的目标是摆脱传统冰激凌店的思维，注入现代的美学元素。

设计理念

设计师选择将产品品牌与不同形式的艺术元素结合，通过对材质、灯光、设备及一些半雕塑元素的运用为空间注入美感，营造出舒适惬意的居家环境，同时散发出美术馆一般的气息。

设计师打造了一系列创意十足的元素，如特殊处理的柱子（大大突出了混凝土特色）、笔直的黑檀木墙板和精致的铁艺和玻璃结构（起到支撑作用）。所有一切旨为将焦点聚集在空间的双层高度上，同时增强空间体验。

艺术元素的设计是为了与店内美食相呼应，同时突出美学理念。旧与新、单一与多彩、平滑与质感之间的对比则完美诠释了折中主义美学的特色。

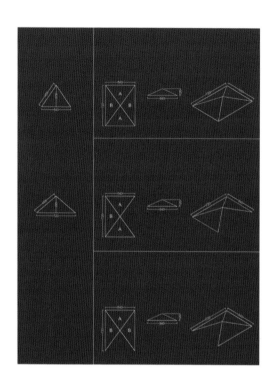

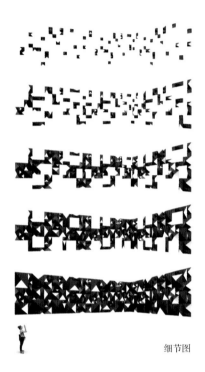

细节图

如今饮品店非常常见，已成为备受欢迎的时尚休闲场所。在装修设计饮品店时，要突出主题，把握局部与整体的和谐统一，从而给顾客留下好的第一印象。以下方面需给予格外的注意。

空间结构

通常情况下，饮品店空间不大，是一种小而精的店铺模式。简单的平面配置富于统一的理念，但容易因单调而失败。复杂的平面配置富于变化的趣味，但却容易松散。首先，想要吸引消费者产生购买的欲望，需要设置产品的展示台，并且将展示台设置在店铺最外层；其次，操作台最好设置在休闲区旁边，能让消费者观看饮品制作的全过程，满足消费者的好奇心，同时将饮品操作透明化，给消费者提供安全、卫生的产品。（图1）

色彩搭配

作为休闲消遣的场所，饮品店的主要风格大多以舒适温馨为主。因此，在色彩的搭配上，需要紧紧围绕这一风格定位进行选择搭配。建议以一到两种的亮色为主，看

1

起来舒适自然。当店铺内部极具青春、时尚的感觉时，可以选择白色加蓝色，或者粉色加黄色。另外，可以再选择一到两种辅助色彩，让空间看起来更加具备层次感，但是一定要切忌颜色过于繁杂、浓烈。

招牌的颜色，建议尽量鲜艳，黄色、粉色、红色、蓝色均可。招牌字体也可根据颜色变化进行设计，如流行的撞色，红绿搭配、蓝黄搭配、粉蓝搭配、橙紫搭配都是不错的选择。另外，招牌并非越大越明显，一定要与店铺面积相协调。建议尝试黑色打底配以艳丽文字的设计方式，即使是小招牌也会很显眼。（图2）

灯光设计

饮品店的光线也需要独特的设计风格，这对店内气氛营造具有重要的作用。光线系统能够决定饮品店的气氛和情调，店内使用的光线种类很多，常用的有白炽光、烛光、荧光及彩光等，不同的光线可以制作出不同的效果。灯具的选择也很重要，可以营造一个非常好的氛围，让人安心地在店铺内喝上喜欢的饮品。（图3）

空间装饰

随着"轻装修，重装饰"的装修理念逐渐普及，这种时尚、经济的装修方式被越来越多的创业者所接受。饮品店以舒适、温馨、整洁、干净的特点为主，可以选择多种特色、精致的小饰品，比如艺术气息十足的挂画、几何图形的灯罩，也可以设置一些适合情侣的角落、秋千、小木船的座椅，以此展示出饮品店的时尚，凸显自身的个性与品位。（图4）

冰激凌店作为一种时尚潮流店铺，其顾客多为年轻、时尚人群，所以其店铺装修建议突出时尚风格，拥有自己的特色。以下设计技巧仅供参考。

店面外观设计

店面造型及风格要与周围环境相吻合，以免破坏整体美感。外观色彩基调以高明度暖色调为宜，突出构件或重点部位可根据形体特点及体现商业建筑装饰气氛的需求，恰当运用对比色彩。立面设计需正确运用材料的质感、纹理和自然色彩。橱窗作为重点部位，其位置、尺寸及布置方式要根据平面格局、地理环境、门面宽度等具体情况而定。店铺招牌及标志要完美展现自身特色，同时建议充分利用店面的边缘空间，如柱廊、雨篷等。（图5、图6）

室内布局与氛围营造

一般的店铺，其面积都不大，但在功能划分上要确保明确清晰，以免造成混乱。如果店面面积允许，可规划出一块地方放置桌椅，供客人坐下来休息品尝冰激凌。桌椅的选择可以用糖果色的泡沫、布料等材质，也可以选择透明玻璃材质，以冰激凌店装修整体风格为宜。冰激凌店应该给人以随意、轻松的感觉，让顾客拥有愉悦的用餐心情，提升好感度，从而刺激消费。例如，可以辅以玻璃柜台展示甜品，或在墙上绘制时尚有趣的图案(手绘、漫画等)，也可以放节奏感强的背景音乐，进而增加休闲时尚气息。当然，切忌生搬硬套，需

要根据店铺自身以及周围的情况，如人流方向、日照情况、障碍物情况、周围店铺颜色、风格等具体元素，进行设计。（图7、图8）

色彩选择

建议选择亮眼的颜色，一方面更易吸引顾客眼球，另一方面冰激凌店多为年轻人、学生或者心态活泼的中老年人群，暗沉的色彩并不合适，搭配出活力而不刺眼的感觉为最佳。美式冰激凌店装修应以自由奔放风格为主，给人置身大自然的感觉，一般以蓝色或绿色为基调，搭配自然风景图画，灯光一定要明亮，桌椅多为明亮的金属制品。意式冰激凌店则给人一种浪漫的感觉，多以暖色调为基础，灯光多为黄色、粉红色，桌椅通常为蓝色的塑料材质。德式冰激凌店要庄重而不失休闲的味道，多以深色图案为背景，桌椅多为深色木制品。（图9、图10）

商品陈列建议

好的陈列能完美展示产品的优点，让消费者产生购买冲动。陈列分为主题陈列、促销陈列、新品陈列等，借助对比强烈的色彩和绚烂的灯光，折放、侧面展示要互相穿插，货架的摆放要在随意中又有整体的感觉。建议根据不同时机改变陈列方式，吸引消费者，产生良好的销售。（图11）

D

dongqi Architects

E

Evonil Architecture

Ewout Huibers

F

FormRoom

G

Glamorous Co., Ltd.

H

Hannah Churchill

Hitzig Militello Arquitectos

Hwayon Interior Group

I

Interior Design Laboratorium

J

JSD

JUMGO CREATIVE

K

KAMITOPEN Architecture-Design Office Co., Ltd.

M

mintwow

N

Nong Studio

P

party/space/design

Plasma Nodo

R

Ryusuke Nanki

S

SK Arquitetura

Studio Toggle

T

TORAFU ARCHITECTS

W

Wanderlust

Z

Zentralnorden

图书在版编目（CIP）数据

　　小空间设计系列 Ⅱ．甜品店 ／（美）乔·金特里编 ；
李婵译．— 沈阳：辽宁科学技术出版社，2020.5
　　ISBN 978-7-5591-1199-9

　　Ⅰ．①小… Ⅱ．①乔… ②李… Ⅲ．①饮食业－服务
建筑－室内装饰设计 Ⅳ．① TU247

　　中国版本图书馆 CIP 数据核字（2019）第 101324 号

出版发行：辽宁科学技术出版社
　　　　　（地址：沈阳市和平区十一纬路 25 号 邮编：110003）
印　刷　者：上海利丰雅高印刷有限公司
经　销　者：各地新华书店
幅面尺寸：170mm×240mm
印　　张：13.5
插　　页：4
字　　数：200 千字
出版时间：2020 年 5 月第 1 版
印刷时间：2020 年 5 月第 1 次印刷
责任编辑：鄢　格
封面设计：关木子
版式设计：关木子
责任校对：周　文

书　　号：ISBN 978-7-5591-1199-9
定　　价：98.00 元

联系电话：024-23280070
邮购热线：024-23284502
http://www.lnkj.com.cn